Vorwort

Wer in seinem täglichen Berufsleben nicht ohne betriebswirtschaftliche Formeln und Kennzahlen auskommt, dem hilft
diese Formelsammlung. Darüber hinaus eignet sie sich für
Studierende und Weiterbildungsteilnehmer als handliches
Nachschlagewerk.

Aufgeteilt in die für jedes Unternehmen wichtigen Bereiche
Materialwirtschaft, Produktion, Marketing, Kostenrechnung,
Jahresabschlussanalyse, Finanzierung, Investitionsrechnung
und Personal finden Sie hier die bedeutsamsten Formeln,
Schemata und Kennzahlen.

Dieser TaschenGuide versteht sich ausdrücklich nicht als
Lehrbuch, sondern als praktische Zusammenstellung der
wichtigsten Kennzahlen und Formeln. Um möglichst viele
davon aufzunehmen, wurde auf Erläuterungen weitgehend
verzichtet. Wer sich über bestimmte Bereiche tief gehender
informieren möchte, findet im Literaturverzeichnis am Ende
des Buchs hilfreiche Hinweise.

Ich wünsche Ihnen einen erfolgreichen Einsatz dieser Formelsammlung für Ihren Beruf, Ihr Studium oder Ihre Weiterbil-
dung.

Prof. Dr. Jörg Wöltje

Grundlagen des Wirtschaftens

Die Betriebswirtschaftslehre ist die Lehre vom Wirtschaften im Betrieb. Wirtschaften ist der Inbegriff aller planvollen menschlichen Tätigkeiten, die unter Beachtung des ökonomischen Prinzips mit dem Zweck erfolgen, die – an den Bedürfnissen der Menschen gemessen – bestehende Knappheit der Güter zu verringern.

Erfolgsziele

Ausprägungen des ökonomischen Prinzips sind:

- Maximalprinzip: Handle stets so, dass mit gegebenen Mitteln das größtmögliche Ergebnis erzielt wird.
- Minimalprinzip: Handle stets so, dass ein vorgegebenes Ziel mit minimalem Einsatz erreicht wird.
- Generelles Extremumprinzip: Handle stets so, dass das Verhältnis von Einsatz und Nutzen bestmöglich wird.

Produktivität

Die Ergiebigkeit der betrieblichen Faktorkombination wird als Produktivität bezeichnet.

$$\text{Produktivität} = \frac{\text{Ausbringungsmenge}}{\text{Faktoreinsatzmenge}}$$

Beispiele für Produktivitätsarten:

$$\text{Arbeitsproduktivität} = \frac{\text{Anzahl geprüfter Anträge}}{\text{Arbeitsstunde}}$$

$$\text{Flächenproduktivität} = \frac{\text{Umsatz}}{\text{m}^2}$$

$$\text{Maschinenproduktivität} = \frac{\text{Anzahl Stück}}{\text{Maschinenstunde}}$$

Die Produktivität gibt das mengenmäßige Verhältnis zwischen Output und Input des Produktionsprozesses an.

Wirtschaftlichkeit

Mit der Wirtschaftlichkeit wird – im Gegensatz zur Produktivität – ein Wertverhältnis zum Ausdruck gebracht. Als Wertgrößen dienen die aus dem Güter- und Finanzprozess abgeleiteten Größen Aufwand und Ertrag:

$$\text{Wirtschaftlichkeit} = \frac{\text{Ertrag}}{\text{Aufwand}} \text{ oder } \frac{\text{Leistungen}}{\text{Kosten}}$$

Gelegentlich wird die Relation von Soll- und Ist-Größen (zur Definition der Wirtschaftlichkeit) als zweckmäßig betrachtet.

$$\text{Wirtschaftlichkeit} = \frac{\text{Sollkosten}}{\text{Istkosten}}$$

Wertschöpfung

Die Wertschöpfung errechnet sich aus der Gesamtleistung abzüglich aller Vorleistungen zuzüglich staatlicher Subventionen.

Betriebsbezogene Wertschöpfung					
Gesamtkostenverfahren			**Umsatzkostenverfahren**		
2	+/–	Umsatzerlöse Bestandsveränderungen an fertigen und unfertigen Erzeugnissen	6	+	Umsatzerlöse Sonstige betriebliche Erträge
3	+	Andere aktivierte Eigenleistungen	2	–	Herstellungskosten der z. Erzielung der Umsatzerlöse erbrachten Leistungen
4	+	Gesamtleistung Sonstige betriebliche Erträge	4	–	Vertriebskosten
			5	–	Allgemeine Verwaltungskosten
	=	Betriebsertrag	7	–	Sonstige betriebliche Aufwendungen
5	–	Materialaufwand		+	Personalaufwand
7	–	Abschreibungen		=	Wertschöpfung
8	–	Sonstige betriebliche Aufwendungen			
		Vorleistungen			
	=	Wertschöpfung			

$$\text{Betriebsbez. Wertschöpfung} = \frac{\text{Wertschöpfung}}{\text{Betriebsergebnis}} \times 100$$

Rentabilität

Die Rentabilität ist eine relative Kennzahl, die eine Erfolgsgröße (Gewinn) in Beziehung zum eingesetzten Kapital setzt.

$$\text{Rentabilität} = \frac{\text{Gewinn}}{\text{Kapitaleinsatz}} \times 100$$

Für die Rentabilitätsrechnung kann das Durchschnittskapital
oder das Kapital am Bilanzstichtag verwendet werden.

$$\text{Betriebsrentabilität} = \frac{\text{Betriebsergebnis}}{\varnothing \text{ betriebsnotwendiges Kapital}} \times 100$$

Für die Analyse der Ertragskraft eines Unternehmens ist die
Betriebsrentabilität von besonderer Bedeutung. Das Betriebsergebnis zeigt, welchen Erfolg das Unternehmen durch seine
eigentliche betriebliche Tätigkeit erwirtschaftet hat.

Ermittlung des betriebsnotwendigen Kapitals:

	betriebsnotwendiges Anlagevermögen
+	betriebsnotwendiges Umlaufvermögen
=	**betriebsnotwendiges Vermögen**
-	Abzugskapital (zinsfrei verfügbares Fremdkapital)
=	**betriebsnotwendiges Kapital**

Materialwirtschaft

Die Materialwirtschaft befasst sich mit der Beschaffung, Disposition, Lagerung, Verteilung und – soweit erforderlich – Entsorgung der vom Unternehmen benötigten Materialien.

Materialanalyse

ABC-Analyse

Die ABC-Analyse ist eine Methode, die es ermöglicht, das Wesentliche vom Unwesentlichen zu unterscheiden. Sie beruht auf der Erfahrung, dass meistens ein relativ kleiner Teil der Gesamtzahl der Materialarten und/oder der verbrauchten Gütermenge einen großen Anteil am Gesamtwert der verbrauchten Güter hat.

ABC-Analyse		
	Wertanteil einer Materialart am Gesamtwert	Mengenanteil einer Materialart an der Gesamtmenge
A-Güter	70–80 %	10–20 %
B-Güter	10–20 %	20–30 %
C-Güter	5–10 %	60–70 %
gesamt	100 %	100 %

Reihenfolge bei der Durchführung der ABC–Analyse:

1 Berechnung des Gesamtverbrauchswerts jeder Materialart pro Periode (Menge multipliziert mit Einstandspreis).

2 Ordnen der Materialarten in absteigender Reihenfolge in Bezug auf den Gesamtverbrauchswert.

3 Berechnung des prozentualen Anteils an der Gesamtzahl aller verbrauchten Güter.

4 Kumulieren der prozentualen Anteile am Gesamtverbrauch aller Güter.

5 Berechnung des prozentualen Anteils am Gesamtverbrauchswert aller Materialarten.

6 Kumulieren der prozentualen Anteile am Gesamtverbrauchswert aller Materialien.

7 Einteilung der Materialien in A-, B- und C-Güter.

(Quelle: Thommen/Achleitner, S. 320, 2006)

Materialbedarfsermittlung

Zugangsmethode

Verbrauch = Zugang laut Lieferschein

Inventurmethode

Verbrauch = Anfangsbestand + Zugang – Endbestand

Skontraktionsmethode (Fortschreibungsmethode)

Endbestand = Anfangsbestand + Zugang - Abgang

Retrograde Methode (Rückrechnung)

Verbrauch = Verbrauch laut Stücklisten oder anderer technischer Verbrauchsangaben × produzierte Menge

Die Verbrauchsmengen werden durch Rückrechnung aus den produzierten Halb- und Fertigerzeugnissen abgeleitet.

Ermittlung des Nettobedarfs (Bestellmenge)

	Bruttobedarf (= Primär-, Sekundär- u. Tertiärbedarf)
–	Lagerbestand (= Buchbestand) *+ Zusatzbedarf*
–	Werkstattbestand (= work in progress)
–	Bestellbestand (= offene Bestellungen)
+	Vormerkungen (= Auftragsbestand)
=	**Bestellmenge (Nettobedarf)**

Ermittlung der optimalen Bestellmenge

$$x_{opt} = \sqrt{\frac{200 \times M \times a}{p \times q}}$$

M   = Gesamtjahresbedarf
x_{opt} = optimale Bestellmenge
p   = Einstandspreis pro Mengeneinheit *Preis pro stück*
a   = auftragsfixe Kosten (bestellfixe Kosten) *Bestell Kosten*
q   = Zins- und Lagerkostensatz pro Jahr (in Prozenten)

Die optimale Bestellmenge weist die günstigste Kostensituation aus.

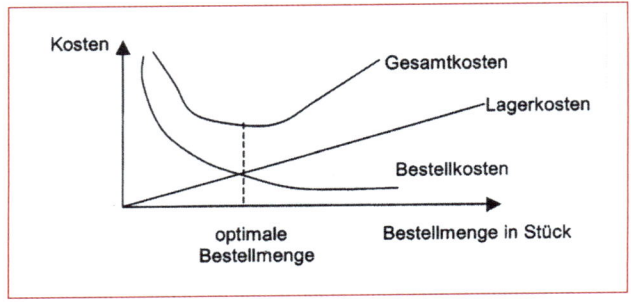

Abbildung: Kostenverlauf für die optimale Bestellmenge

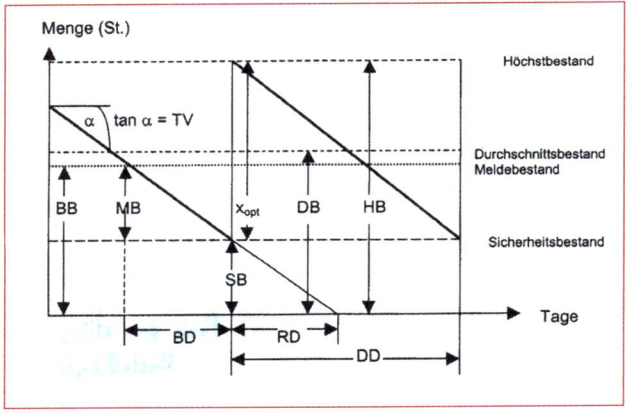

Abbildung: Idealisierte Lagerbestandskurve

M	= Jahresverbrauch	T	= Arbeitstage pro Jahr
TV	= Tagesverbrauch	x_{opt}	= optimale Bestellmenge
BD	= Beschaffungsdauer	RD	= Risikodauer
DD	= durchschn. Lagerdauer	MB	= Mindestbestand
SB	= Sicherheitsbestand	DB	= Durchschnittsbestand
BB	= Bestellpunkt- oder Meldebestand	HB	= Höchstbestand

Kennzahlen zur Bestandsführung

Tagesverbrauch (TV) $= \dfrac{\text{Jahresverbrauch}}{\text{Arbeitstage pro Jahr}}$

Durchschn. Lagerdauer (DD) $= \dfrac{\text{optimale Bestellmenge}}{\text{Tagesverbrauch}}$

Mindestbestand (MB)
= Beschaffungsdauer × Tagesverbrauch

Sicherheitsbestand (SB)
= Risikodauer × Tagesverbrauch

Meldebestand = Bestellpunktbestand (BB)
= Mindestbestand + Sicherheitsbestand oder
= Beschaffungsdauer + Risikodauer × Tagesverbrauch

Der Meldebestand gibt an, bei welchem Lagerbestand eine Bestellung auszulösen ist.

Verfügbarer Bestand

Der verfügbare Bestand ist zu ermitteln, wenn Vormerkungen für den Fertigungsplan oder offene Bestellungen zu bestimmten Terminen gegeben sind.

	aktueller Lagerbestand
+	offene Bestellungen
-	Vormerkungen
=	**verfügbarer Bestand**

Bestellpunkt- und Bestellrhythmussystem

Beim Bestellpunktsystem werden immer dann Bestellungen aufgegeben, wenn die Vorräte auf einen im Voraus bestimmten Lagerbestand, den so genannten Meldebestand, absinken. Der Zeitraum zwischen zwei Bestellungen variiert, nicht aber die jeweilige Bestellmenge.

Das Bestellrhythmussystem ist dadurch gekennzeichnet, dass der Zeitraum zwischen zwei Bestellungen gleich bleibt. Es ergeben sich fixe Bestellzeitpunkte und variable Bestellmengen.

Lagerkennziffern

Lieferbereitschaftsgrad

$$= \frac{\text{Anzahl der bedienten Bedarfspositionen}}{\text{Anzahl aller Bedarfspositionen}} \times 100$$

Durchschnittlicher Lagerbestand

$$= \frac{\text{Anfangsbestand} + \text{Endbestand}}{2} \quad \text{oder} \quad \frac{\textit{Bestellmenge}}{2} + \textit{Sicherheit}$$

$$= \frac{\text{Jahresanfangsbestand} + \text{12 Monatsendbestände}}{\textit{Monate} + \text{13} \; 1}$$

Der durchschnittliche Lagerbestand zeigt an, wie viel betrieb-
liches Kapital im Lager gebunden ist.

Reichweite des Lagerbestands $= \dfrac{\text{durchschnittlicher Lagerbestand}}{\text{durchschnittlicher Bedarf}}$

Lagerumschlagshäufigkeit $= \dfrac{\text{Materialeinsatz pro Jahr}}{\text{durchschnittlicher Lagerbestand}}$

Die Lagerumschlagshäufigkeit wird in der Regel für einzelne
Materialgruppen berechnet.

Lagerdauer (durchschnittliche Verweildauer in Tagen)

$$= \frac{365 \text{ Tage}}{\text{Lagerumschlagshäufigkeit}}$$

$$= \frac{\text{durchschnittlicher Lagerbestand} \times 365 \text{ Tage}}{\text{Materialeinsatz}}$$

Lagerbestand in Prozent des Umsatzes $= \dfrac{\text{Lagerbestand}}{\text{Umsatz}} \times 100$

$$\text{Lagerkapazitätsauslastungsgrad} = \frac{\text{belegte Lagerfläche}}{\text{Gesamtlagerfläche}} \times 100$$

$$\text{Vorratsintensität} = \frac{\text{Vorratsvermögen}}{\text{Gesamtvermögen}} \times 100$$

$$\text{Lagerkostensatz} = \frac{\text{Lagerkosten gesamt}}{\text{Lagerbestandswert}} \times 100$$

$$\text{Lagerzinssatz} = \frac{\text{durchschnittliche Lagerdauer} \times \text{Jahreszinssatz}}{360 \text{ Tage}}$$

Der Lagerzinssatz dient zur Ermittlung der kalkulatorischen Zinsen für das im Lager gebundene Kapital.

Lagerbestandsstruktur nach Versorgungssicherheit

$$= \frac{\text{Sicherheitsbestand}}{\text{Gesamtlagerbestand}} \times 100$$

Produktion

Mit vernünftigen Kennzahlen in der Fertigung kann man Fertigungsprozesse quantifizieren und Veränderungen sichtbar machen.

Ermittlung der optimalen Losgröße

$$x_{opt} = \sqrt{\frac{2 \times M \times R_k}{k_{Hk} \times q}}$$

x_{opt} = optimale Losgröße

M = Gesamtproduktionsmenge pro Periode

R_k = Rüstkosten

k_{HK} = Herstellkosten pro Stück

q = Lager- und Zinskostensatz

Hier ist der gegenläufige Einfluss zwischen Rüst- und Lagerkosten zu beachten.

Break-even-Point (Gewinnschwelle)

Der Break-even-Point zeigt diejenige Absatzmenge, bei der die Erlöse die Kosten decken und die Gewinnzone beginnt.

U = Umsatzerlösgerade = Preis (p) × Menge (x)

p = Stückerlös (Preis pro Stück)

K = Gesamtkosten

K_{fix} = fixe Gesamtkosten

K_{var} = variable Gesamtkosten
$K_{var} + U = Deckungsbe$
      = variable Stückkosten × Menge

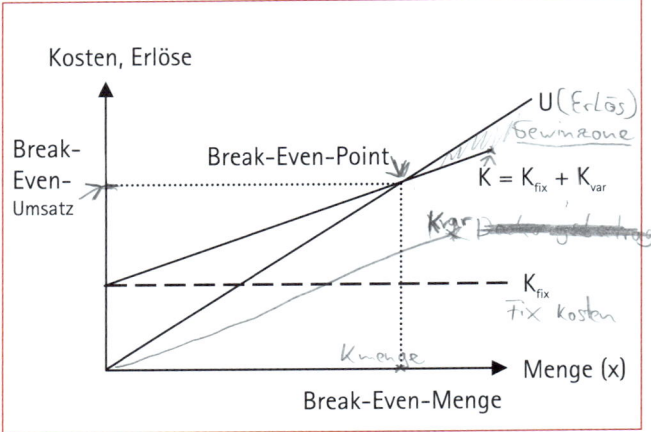

Abbildung: Break-even-Point

Es gilt beim Break-even-Point:

Erlöse = Kosten, d. h. der Gewinn = 0

Bei einer niedrigeren Produktionsmenge wird noch Verlust gemacht, bei einer höheren Produktionsmenge wird ein Gewinn erzielt.

$$\text{Break} - \text{even} - \text{Menge} = \frac{\text{fixe Gesamtkosten}}{\text{Stückerlös - variable Stückkosten}}$$

$$\text{Break} - \text{even} - \text{Menge} = \frac{\text{fixe Gesamtkosten}}{\text{Stückdeckungsbeitrag}}$$

Break–even–Umsatz

Der Break-even-Umsatz liegt dort, wo die Umsatzerlöse genauso hoch sind wie die Gesamtkosten.

$$U = K = k_{var} \times X + K_{fix}$$

$$X = \frac{K_{fix}}{p - k_{var}}$$

k_{var} = variable Stückkosten
p = Stückerlöse
K_{fix} = fixe Gesamtkosten
X = Menge

$$\text{Break} - \text{even} - \text{Umsatz} = k_{var} \times \frac{K_{fix}}{p - k_{var}} + K_{fix}$$

$$\text{Break} - \text{even} - \text{Umsatz} = \frac{\text{fixe Gesamtkosten}}{\text{Deckungsbeitrag in \% vom Umsatz}}$$

Der Break-even-Umsatz kann auch ermittelt werden, indem die Break-even-Menge mit dem Stückpreis multipliziert wird.

Operative Produktionsprogramm-planung

In der Kurzfristperspektive kann die Programmoptimierung mithilfe der Deckungsbeitragsrechnung erfolgen.

Produktion ohne Kapazitätsengpass

Es können alle Produkte in das optimale Produktionsprogramm aufgenommen werden, deren Stückdeckungsbeitrag positiv ist. Bei einem positiven Deckungsbeitrag sollte die Produktion beibehalten und bis zur Maximalmenge ausgedehnt werden.

Stückdeckungsbeitrag = Stückerlöse – variable Kosten/Stück

> Merke: Produkte mit positivem Deckungsbeitrag steigern mit jedem zusätzlich verkauften Stück den Gewinn.

Produktion mit einem Engpass

Die Programmentscheidung orientiert sich am relativen Deckungsbeitrag

$$\text{Relativer Deckungsbeitrag} = \frac{\text{Stückdeckungsbeitrag}}{\text{Engpassbeanspruchung}}$$

Vorgehensweise für die Optimierungsrechnung:

1 Berechnen Sie die Stückdeckungsbeiträge der Produkte.

2 Ermitteln Sie die relativen Stückdeckungsbeiträge. Ordnen Sie die Produkte nach abnehmenden relativen Stückdeckungsbeiträgen.

3 Die freien Produktionskapazitäten werden zuerst mit dem Produkt des höchsten relativen Stückdeckungsbeitrags belegt, anschließend mit dem zweithöchsten, dann mit dem dritthöchsten usw., bis keine freie Kapazität mehr zur Verfügung steht.

Kontrolle im Produktionsbereich

Die Ausnutzung der vorhandenen Kapazität zeigt die Kennzahl „Beschäftigungsgrad":

$$\text{Beschäftigungsgrad} = \frac{\text{Ist-Beschäftigung}}{\text{Plan-Beschäftigung}} \times 100$$

Der Beschäftigungsgrad zeigt die Auslastung der vorhandenen Kapazität an.

$$\text{Kapazitätsauslastungsgrad} = \frac{\text{Fertigungsstunden}}{\text{Kapazitätsstunden}} \times 100$$

$$\text{Ausschussquote} = \frac{\text{Ausschussmenge}}{\text{Produktionsmenge}} \times 100$$

Die Ausschussquote ist ein Maßstab für die Qualität der Fertigung.

Reklamationsquote $= \dfrac{\text{reklamierte Menge}}{\text{Auslieferungsmenge}} \times 100$

Arbeitsproduktivität $= \dfrac{\text{Gesamtleistung}}{\text{Mitarbeiter Produktion}} \times 100$

Personalkostenquote Produktion

$= \dfrac{\text{Personalkosten Produktion}}{\text{Gesamtleistung}} \times 100$

Anlagenproduktivität

$= \dfrac{\text{Gesamtleistung}}{\text{betriebsnotwendiges Anlagevermögen}} \times 100$

Marketing

Um die Absatzchancen der Produkte abschätzen zu können und eine Entscheidungsgrundlage für die übrige betriebliche Funktion zu haben, sind Informationen über den Markt von großer Bedeutung. Hierzu gehören vor allem:

- Marktpotenzial: maximale Aufnahmefähigkeit des Marktes für ein bestimmtes Gut oder eine bestimmte Dienstleistung.

- Marktvolumen: effektiv realisiertes oder geschätztes Absatzvolumen eines bestimmten Gutes oder eine bestimmte Dienstleistung.

- Marktanteil: das von einem Unternehmen realisierte Absatzvolumen in Prozent des Marktvolumens.

Kennzahlen zum Markt

$$\text{Sättigungsgrad} = \frac{\text{Marktvolumen}}{\text{Marktpotenzial}} \times 100$$

Bei einem niedrigen Sättigungsgrad kann durch Marketingmaßnahmen ein höherer Absatz angestrebt werden.

$$\text{Absoluter Marktanteil} = \frac{\text{Unternehmensumsatz}}{\text{Marktvolumen}} \times 100$$

$$\text{Relativer Marktanteil} = \frac{\text{eigener Marktanteil}}{\text{Marktanteil des Marktführers}} \times 100$$

Der relative Marktanteil zeigt die Position des Unternehmens in einem Segment im Vergleich zum größten Wettbewerber.

Marktwachstum

$$= \frac{\text{Marktvolumen im Planungszeitraum}}{\text{Marktvolumen im Vorjahr}} \times 100$$

Marktanteilsentwicklung

$$= \frac{\text{Marktanteil einer Periode}}{\text{Marktanteil Vergleichsperiode}} \times 100$$

Die Marktanteilsentwicklung zeigt Veränderungen des Marktanteils im Vergleich zu einer anderen Periode (z. B. Basisjahr, Vorjahr).

Vertriebskennzahlen

$$\text{Angebotserfolg} = \frac{\text{erhaltene Aufträge}}{\text{abgegebene Angebote}} \times 100$$

Der Angebotserfolg zeigt den Erfolg abgegebener Angebote.

Auftragsentwicklung

$$= \frac{\text{aktuelle Auftragseingänge}}{\text{Auftragseingänge Vergleichsperiode}} \times 100$$

Sie zeigt einen Vergleich z. B. zwischen dem aktuellen und dem alten Jahr.

Auftragseingangsstruktur (Verkaufsgebiete)

$$= \frac{\text{Auftragseingang nach Verkaufsgebieten}}{\text{Gesamtauftragseingang}} \times 100$$

Auftragseingangsstruktur (Erzeugnisse)

$$= \frac{\text{Auftragseingang nach Erzeugnissen}}{\text{Gesamtauftragseingang}}$$

Auftragsbestandsstruktur (z. B. nach Erzeugnissen)

$$= \frac{\text{Auftragsbestand nach Erzeugnissen}}{\text{Gesamtauftragsbestand}} \times 100$$

$$\text{Auftragsreichweite} = \frac{\text{Auftragsbestand in € } \times \text{ 365 Tage}}{\text{Umsatz der letzten 12 Monate}}$$

Sie zeigt, wie lange die Kapazität noch ausgelastet ist.

$$\text{Auftragsgröße} = \frac{\text{Umsatz}}{\text{Anzahl der Aufträge}} \times 100$$

Sie zeigt den durchschnittlichen Umsatz pro Auftrag.

$$\text{Exportquote} = \frac{\text{Auslandsumsatz}}{\text{Gesamtumsatz}} \times 100$$

Sie zeigt die Abhängigkeit vom Export.

$$\text{Werbeerfolg} = \frac{\text{Umsatzzuwachs}}{\text{Aufwendungen der Werbeaktion}} \times 100$$

Marketingcontrolling

Kundendeckungsbeitragsanteil in %

$$= \frac{\text{Deckungsbeitrag ABC-Kunden}}{\text{Gesamtdeckungsbeitrag}} \times 100$$

Sicherheitsgrad in % $= \dfrac{\text{Gewinn}}{\text{Deckungsbeitrag}} \times 100$

Preiselastizität der Nachfrage $= \dfrac{\text{relative Mengenänderung}}{\text{relative Preisänderung}}$

Kreuzpreiselastizität $= \dfrac{\text{relative Mengenänderung Produkt B}}{\text{relative Preisänderung Produkt A}}$

Werbeelastizität

$$= \frac{\text{relative Umsatzveränderung von Periode } t_0 \text{ zu Periode } t_1}{\text{relative Werbeaufwandsveränderung von Periode } t_0 \text{ zu Periode } t_1}$$

Kalkulationsschemata

Die Kalkulationsschemata werden für die Angebotskalkulation (Vorkalkulation) eingesetzt. Es wird der Angebotspreis ermittelt, der alle Kosten einschließlich Gewinnzuschlag enthält.

Kalkulationsschema des Handels

    Einkaufspreis der Ware

−   Rabatte, Boni, Skonti vom Lieferanten

+   Bezugskosten, Mindermengenzuschlag

=   **Einstandspreis (Bezugspreis) der Ware**

+   Handlungskostenzuschlag in % der Einstandspreise

=   **Selbstkosten der Ware**

+   Gewinnzuschlag in % der Selbstkosten

=   **Barverkaufspreis der Ware**

+   Kundenskonto + Vertreterprovision

=   **Zielverkaufspreis der Ware**

+   Kundenrabatt

=   **Nettoverkaufspreis der Ware**

+   Mehrwertsteuer

=   **Bruttoverkaufspreis der Ware**

Handelsspanne (Rohgewinnspanne in %)

$$= \frac{\text{Rohgewinn Warengruppe}}{\text{Nettoumsatz Warengruppe}} \times 100$$

Kalkulationsschema der Industrie

	Materialeinzelkosten
+	Materialgemeinkosten
=	**Materialkosten**
+	Fertigungslöhne
+	Fertigungsgemeinkosten
+	Sondereinzelkosten der Fertigung
=	**Herstellkosten**
+	Verwaltungsgemeinkosten
+	Vertriebsgemeinkosten
+	Sondereinzelkosten des Vertriebs
=	**Selbstkosten**
+	Gewinnzuschlag
=	**Barverkaufspreis**
+	Kundenskonto i. H.
=	**Zielverkaufspreis**
+	Kundenrabatt i. H.
=	**Listenverkaufspreis netto**
+	Mehrwertsteuer
=	**Angebotspreis brutto**

Kostenrechnung

Die Kosten- und Leistungsrechnung zählt zum internen Rechnungswesen.

Begriffe der Kostenrechnung

Klassifikation der Kosten

Kosten lassen sich nach folgenden Kriterien einteilen:

- Bezugsgröße
- Zeitraumkosten (Kosten pro Abrechnungsperiode)
- Stückkosten (Kosten pro Leistungseinheit)
- Grenzkosten (Kosten pro zusätzlicher Leistungseinheit)
- Zurechenbarkeit
- Einzelkosten (einem Kostenträger oder einer Kostenstelle direkt zurechenbar)
- Gemeinkosten (allen Kostenträgern oder mehreren Kostenstellen gemeinsam zuzuordnen und über Schlüssel zurechenbar)
- Abhängigkeit von der Beschäftigung
- Fixe Kosten (leistungsmengenunabhängig)
- Variable Kosten (leistungsmengenabhängig)

- Ermittlungsmethode
- Grundkosten (aus dem Aufwand der Buchhaltung abgeleitet)
- Kalkulatorische Kosten (Anders- und Zusatzkosten)
- Zeitbezogenheit
- Istkosten (Kosten, die tatsächlich angefallen sind → Vergangenheitskosten)
- Normalkosten (Kosten, die aus den Istkosten vergangener Perioden – als durchschnittliche Kosten – abgeleitet werden)
- Plankosten (im Voraus bestimmte, bei ordnungsmäßigem Betriebsablauf methodisch errechnete Kosten → zukunftsbezogene Kosten)
- Umfangbezogenheit
- Vollkosten (bestehen aus fixen und variablen Kostenbestandteilen)
- Teilkosten (nur variable Kosten)
- Herkunft der Kostengüter
- Primäre Kosten (Kosten, die dem Unternehmen aufgrund seiner Beziehungen zur Umwelt entstehen)
- Sekundäre Kosten (geldmäßiges Äquivalent des Verbrauchs an innerbetrieblichen Leistungen)

Übersicht – Kostenbegriffe			
Abkürzung	**Bezeichnung**	**Erklärung**	**Einheit**
$K = K_{var} + K_{fix}$	Gesamtkosten	Gesamtkosten, die sich in einer Periode aus den variablen und fixen Kosten für die Erstellung der betrieblichen Leistung ergeben.	GE/Periode
$K_{var} = K - K_{fix}$	variable Kosten	Kosten, die bei wachsender Produktion steigen und bei abnehmender Produktion sinken.	GE/Periode
K_{fix}	fixe Kosten	Kosten, die bei Änderung der Ausbringungsmenge konstant bleiben.	GE/Periode
$k = \dfrac{K}{X}$	Stückkosten (Durchschnittskosten)	Die Gesamtkosten werden ins Verhältnis zur Produktionsmenge gesetzt.	GE/Stück
$k_{var} = \dfrac{K_{var}}{X}$	variable Stückkosten	Die gesamten variablen Kosten werden ins Verhältnis zur Produktionsmenge gesetzt.	GE/Stück
$k_{fix} = \dfrac{K_{fix}}{X}$	fixe Stückkosten	Die gesamten fixen Kosten werden ins Verhältnis zur Produktionsmenge gesetzt.	GE/Stück
$K' = \dfrac{dK}{dX}$ $= \dfrac{(K_2 - K_1)}{(X_2 - X_1)}$	Grenzkosten	Die Grenzkosten (K') sind die zusätzlichen Kosten einer weiteren Produkteinheit. 1. Ableitung der Gesamtkostenfunktion	GE/Stück

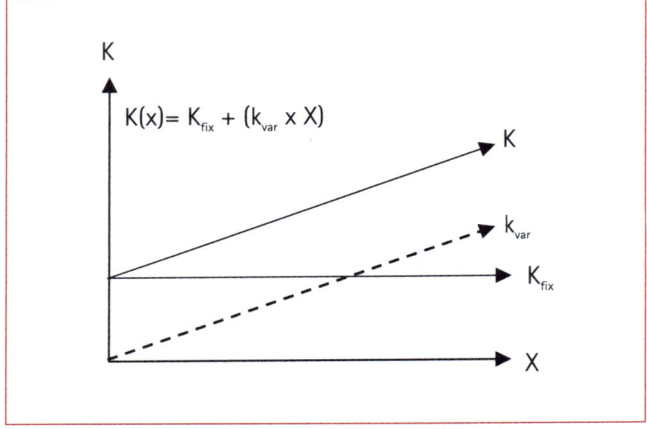

Abbildung: Gesamtkostenfunktion mit proportionalen variablen Kosten

Kosten in Abhängigkeit von der Beschäftigung

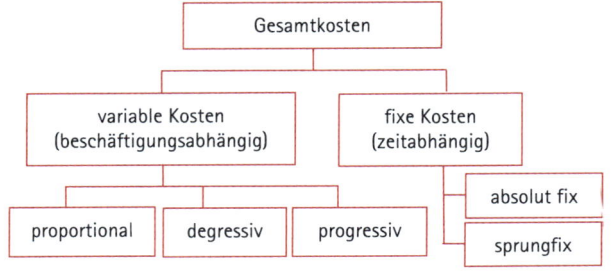

Abbildung: Kosten in Abhängigkeit von der Beschäftigung

Kostenverläufe

- Proportionaler (linearer) Verlauf: Jede (relative) Beschäftigungsänderung (in Prozent) führt zur gleichen (relativen) Änderung der Kostenhöhe.

- Degressiver Verlauf: Eine relative Beschäftigungsänderung führt zu einer geringeren relativen Kostenänderung. Die Kosten steigen langsamer als die Ausbringung; sie verhalten sich unterproportional.

- Progressiver Verlauf: Die Kosten steigen schneller als die Ausbringung; sie verhalten sich überproportional.

- Fixer Verlauf: Die Gesamtkosten verändern sich nicht bei Ausbringungsschwankungen; sie bleiben konstant.

- Sprungfixer Verlauf: Innerhalb bestimmter Beschäftigungsbereiche verhalten sich diese Kosten fix. Beim Überschreiten bestimmter Beschäftigungsgrenzen steigen die Kosten sprunghaft an, um dann bis zum nächsten Beschäftigungsintervall wieder fix, aber auf höherem Niveau zu verlaufen. Sie werden auch als intervallfixe Kosten bezeichnet.

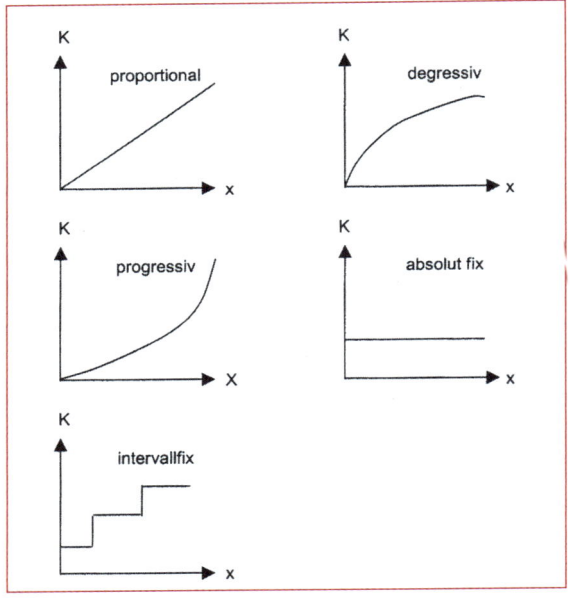

Abbildung: Kostenverläufe

$$\text{Reagibilitätsgrad (R)} = \frac{\text{prozentuale Kostenänderung}}{\text{prozentuale Beschäftigungsänderung}}$$

R = 0:   fixe Kosten
0 < R < 1: degressive Kosten
R = 1:   proportionale Kosten
R > 1:   progressive Kosten

Differenzierung der Kosten nach der Art ihrer Verrechnung

Kombination der Kostenbegriffe			
Zurechenbarkeit auf die Produkteinheiten	Einzelkosten	Gemeinkosten	
		Unechte Gemeinkosten	Echte Gemeinkosten
Veränderlichkeit bei Beschäftigungsänderungen	Variable Kosten		Fixe Kosten
Beispiele	Materialkosten Verpackungskosten Fertigungslöhne Provisionen	Kosten für in großen Mengen verwendete Hilfs- und Betriebsstoffe Energiekosten	Kosten der Produktart und Produktgruppe Kosten der Produktionsplanung und -steuerung Abschreibungen

Abbildung: Abgrenzung zentraler Kostenkategorien (in Anlehnung an Schierenbeck, S. 804, 2008)

Abgrenzung zwischen Aufwand und Kosten:

- Aufwand: Wert aller verbrauchten Güter und Dienstleistungen in einer Periode.

- Kosten: Wert aller für die Erstellung der betriebstypischen Leistungen verbrauchten Güter und Dienstleistungen pro Periode.

Aufwand		
neutraler Aufwand	Zweckaufwand	
betriebsfremd außerordent- lich perioden- fremd	als Kosten verrechen- barer Zweck- aufwand	nicht in gleicher Höhe ver- rechenbarer Zweck- aufwand

	Grund- kosten	Anders- kosten	Zusatz- kosten
		kalkulatorische Kosten	

Kosten

Abbildung: Abgrenzung zwischen Aufwand und Kosten

Neutrale Aufwendungen sind keine Kosten. Es wird unterschieden zwischen

— betriebsfremd: z. B. Spenden,

— außerordentlich: z. B. Katastrophenschäden, Verkauf unter Buchwert und

— periodenfremd: z. B. Gewerbesteuernachzahlung.

Beispiele für kalkulatorische Kosten

— Anderskosten: kalk. Abschreibungen, kalk. Zinsen, kalk. Wagnisse

— Zusatzkosten: kalk. Unternehmerlohn, kalk. Zinsen auf das Eigenkapital, kalk. Miete für eigene Räume

Kostenrechnungssysteme

	Vollkostenrechnung	Teilkostenrechnung
Istkosten-rechnung	Kurzfristige Erfolgs-ermittlung Nachkalkulation Bereitstellung von Zahlenmaterial für die Bestandsbewertung in der Bilanz	Kurzfristige Erfolgs-ermittlung Nachkalkulation Bereitstellung von Zahlenmaterial für die Bestandsbewertung in der Bilanz
Normal-kosten-rechnung	Ermitteln von Vollkostenkalkulations-sätzen Kalkulation von Serien-, Sorten- und Massenprodukten Kontrolle der Kosten-entwicklung Vorkalkulation von Produkten und Aufträgen	Ermitteln von Teilkostenkalkulations-sätzen Kalkulation von Serien-, Sorten- und Massenprodukten Vorkalkulation von Produkten und Aufträgen
Plankosten-rechnung	Wirtschaftlichkeits-kontrolle	Wirtschaftlichkeits-kontrolle Kurzfristige Entscheidungsrechnung Break-even-Analyse

Abbildung: Kostenrechnungssysteme und ihre Verwendung (Quelle: Schmidt, A., S. 34, 2005)

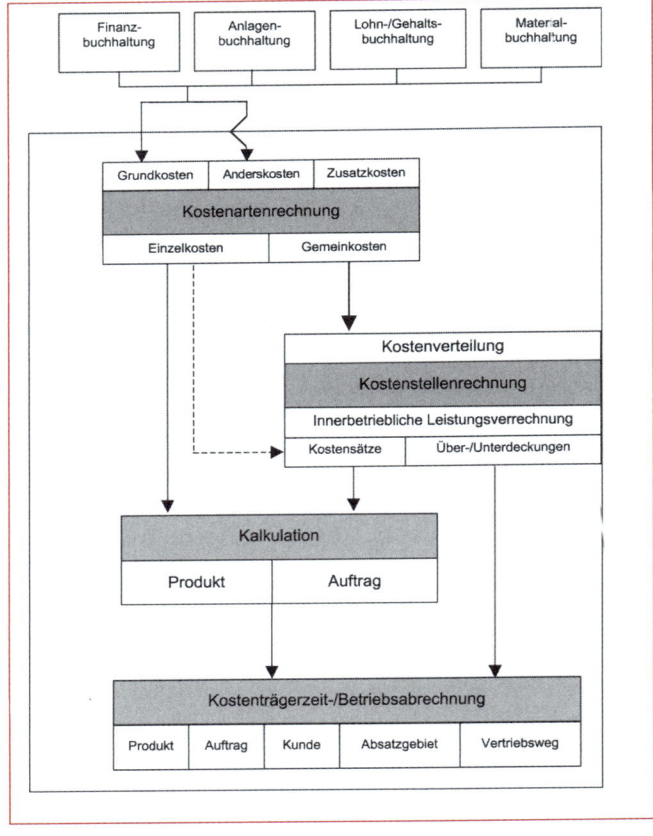

Abbildung: Das System der Kostenrechnung (Quelle: Schmidt, A., S. 40, 2005)

Kostenartenrechnung

Die Kostenartenrechnung stellt die Basis der weiteren Kostenrechnungen dar. Sie dient der systematischen und vollständigen Erfassung aller in einer Periode anfallenden Kosten.

Zuordnung der Kosten	
Nach Produktions-faktoren	**Nach Funktion**
– Materialkosten	– Entwicklungskosten
– Personalkosten	– Beschaffungskosten
– Betriebsmittelkosten	– Fertigungskosten
– Fremdleistungskosten	– Vertriebskosten
– Kalkulatorische Kosten	– Verwaltungskosten

Erfassung der Materialkosten

Als Materialkosten bezeichnet man die mit den Preisen bewerteten Verbrauchsmengen an Roh-, Hilfs- und Betriebsstoffen.

Die Ermittlung der Materialkosten erfolgt in zwei Schritten:

1 Erfassung der Verbrauchsmengen
2 Bewertung der Verbrauchsmengen

Materialverbrauchsermittlung

a) Zugangsmethode

Verbrauch = Zugänge laut Lieferscheinen

b) Inventurmethode

Verbrauch = Anfangsbestand + Zugänge – Endbestand

(Die Ermittlung von Anfangs- und Endbestand erfolgt durch Inventur)

c) Skontrationsmethode (Fortschreibungsmethode)

Verbrauch = Lagerabgänge laut Materialentnahmescheinen

d) Retrograde Methode (Rückrechnungsmethode)

Verbrauch = erstellte Produkte × Sollverbrauchsmenge/Stück

(Rückrechnung erfolgt i. d. R. über Stückliste)

Bewertung der Verbrauchsmengen

Gewogene Durchschnittsmethode

1. Ermittlung des gewogenen Durchschnittspreises

$$\frac{AB\,(St.) \times EP + Zugänge\,(St.) \times jew.\,EP}{AB\,(St.) + Zugänge\,(St.)} = durchschn.\,EP$$

AB = Anfangsbestand
EP = Einstandspreis
St. = Stück

(Einstandspreis des Anfangsbestands = durchschnittlicher Einstandspreis der Vorperiode)

2. Ermittlung des Verbrauchswerts

Verbrauchswert = Abgänge (St.) × durchschn. Einstandspreis

Gleitende Durchschnittsmethode

1. $AB \text{ (St.)} \times EP + Zugang_1 \text{ (St.)} \times \text{jew. } EP = Gesamtwert_1$

2. $\dfrac{Gesamtwert_1}{AB \text{ (St.)} + Zugang_1 \text{ (St.)}} = DP_1$

DP = Durchschnittspreis pro Stück

3. Weiterer Zugang:

$Gesamtwert_1 + (Zugang_2 \text{ (St.)} \times EP_2) = Gesamtwert_2$

4. $\dfrac{Gesamtwert_2}{Bestand_2 \text{ (St.)}} = DP_2$

5. Bei zwischenzeitlichem Abgang:

$Gesamtwert_2 - (Abgang_3 \text{ (St.)} \times DP_2) = Gesamtwert_3$

usw.

Nach jedem Zugang wird ein neuer Durchschnittspreis gebildet, der so lange gültig ist, bis ein neuer Zugang erfolgt und darauf der Durchschnittspreis erneut aktualisiert wird.

Verbrauchsfolgeverfahren

— Fifo-Verfahren (first in, first out)

— Lifo-Verfahren (last in, first out)

— Hifo-Verfahren (highest in, first out)

— Lofo-Verfahren (lowest in, first out)

Festpreisverfahren

Über einen längeren Zeitraum hinweg wird ein konstanter Verrechnungswert für die jeweilige Materialart gewählt, der künftige Preiserwartungen berücksichtigt. Voraussetzung für die Kostenkontrolle z. B. im Rahmen der Plankostenrechnung sind Festpreise.

Erfassung kalkulatorischer Kosten

Kalkulatorische Abschreibung

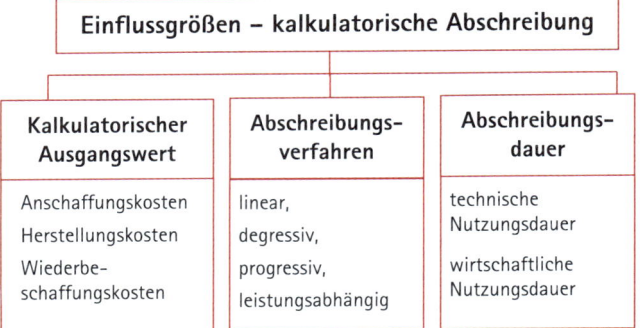

Abbildung: Einflussgrößen der kalkulatorischen Abschreibung

Lineare Abschreibung

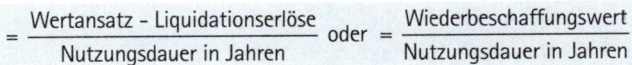

$$= \frac{\text{Wertansatz - Liquidationserlöse}}{\text{Nutzungsdauer in Jahren}} \quad \text{oder} \quad = \frac{\text{Wiederbeschaffungswert}}{\text{Nutzungsdauer in Jahren}}$$

Bei der linearen Abschreibung werden die Anschaffungs- oder Herstellungskosten gleichmäßig über die Nutzungsdauer als Aufwand verteilt (Abschreibung in gleichen Jahresbeträgen).

Geometrisch degressive Abschreibung

$$= \frac{\text{AK/HK in } t_0 \text{ oder RW in } t_x \times \text{Abschreibungsprozentsatz}}{100}$$

AK/HK = Anschaffungs- oder Herstellungskosten
RW   = Restwert (Liquidationserlös)

Die geometrisch degressive Abschreibung fällt mit von Jahr zu Jahr kleiner werdenden Raten.

Steuerrechtlich ist dieses Verfahren für bewegliche Wirtschaftsgüter des Anlagevermögens anwendbar, wenn die zwei folgenden Bedingungen erfüllt sind (§ 7 Abs. 2 EStG):

1 Der Abschreibungsprozentsatz darf höchstens das Zweieinhalbfache des bei linearer Abschreibung in Betracht kommenden Satzes (z. B. in den Jahren 2009 und 2010) betragen.

2 Unabhängig von der ersten Bedingung darf der Abschreibungsprozentsatz nicht mehr als 25 % betragen.

Leistungsabhängige Abschreibung

1. Abschreibungsbetrag/Leistungseinheit (LE)

$$= \frac{\text{AK/HK} - \text{RW}}{\Sigma \text{ Leistungseinheiten}}$$

2. Abschreibung im Jahr

$$= \text{Leistungseinheiten/Jahr} \times \text{Abschreibungsbetrag/LE}$$

Die leistungsabhängige Abschreibung ermittelt den Werte-
verzehr in Abhängigkeit vom tatsächlichen Ge-/Verbrauch.

Kalkulatorische Zinsen

Kalkulatorische Zinsen
= betriebsnotwendiges Kapital × Kalkulationszinssatz

Für die Berechnung der kalkulatorischen Zinsen benötigt man
das betriebsnotwendige Kapital.

Berechnung des betriebsnotwendigen Kapitals	
Position	**Wertansätze für Berechnung der kalkulatorischen Zinsen**
Betriebsnotwendiges Anlagevermögen	
a) nicht abnutzbar	kalk. Ausgangswert
b) abnutzbar	½ kalk. Ausgangswert
+ **Betriebsnotwendiges Umlaufvermögen**	durchschnittlicher Buchwert
Vorräte	$= \dfrac{AB + EB}{2}$ oder
Forderungen	
Zahlungsmittel	$= \dfrac{AB + 12\,\text{Monatsendbestände}}{13}$
− **Abzugskapital**	
Kundenanzahlungen	
Lieferantenverbindlichkeiten (zinslos)	
= **Betriebsnotwendiges Kapital**	

Anzuwendender Zinssatz:

= durchschnittlicher langfristiger Zins für risikofreie Anlagen

Das abnutzbare Anlagevermögen wird in der Praxis nach der Durchschnittsmethode behandelt.

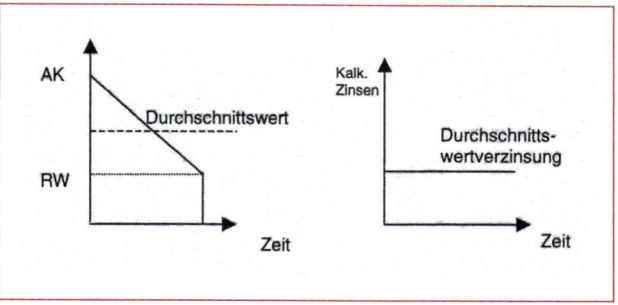

Abbildung: Durchschnittswertverzinsung

Kalkulatorische Wagnisse

Kalkulatorische Wagniskosten

$$= \frac{\text{Bezugsbasis lfd. Jahr} \times \text{kalk. Wagnissatz in \%}}{100}$$

Ermittlung kalkulatorischer Wagnissätze:

$$= \frac{\text{Ausfall in Geldeinheiten in einer Periode}}{\text{Bezugsbasis in einer Periode}} \times 100$$

beispielsweise Fertigungswagnis :

$$= \frac{\text{Summe der Verluste}}{\text{Summe der Herstellkosten}} \times 100$$

In der Praxis:

Bildung von Durchschnittswerten über mehrere Perioden, damit eine verlässliche Kalkulationsbasis zur Verfügung steht.

Die mit der unternehmerischen Tätigkeit verbundenen Risiken werden als Wagnisse bezeichnet. Die wesentlichen Einzelwagnisse sind:

Wagnisarten	Beispiele	Bezugsgröße
Beständewagnis	Schwund, Überalterung der Vorräte (Ladenhüter), Verderb	Wert des durchschnittlichen Lagerbestands
Fertigungswagnis	Ausschuss, Nacharbeit, Material-, Konstruktionsfehler	Herstellkosten der Erzeugnisse
Anlagenwagnis	Fehlinvestition, Maschinenbruch, vorzeitiges Nutzungsende der Anlage	Wert des Anlagevermögens (Anschaffungs- oder Wiederbeschaffungswert)
Vertriebswagnis	Nichtabnahme bestellter Ware, Forderungsausfälle, Währungsverluste	Forderungsbestand oder Umsatz
Gewährleistungswagnis	Garantie-, Kulanzverpflichtungen, Vertragsstrafen, Preisnachlässe	Umsatz oder Herstellungskosten der verkauften Produkte
Entwicklungswagnis	fehlgeschlagene Entwicklungsprojekte	Entwicklungskosten der Periode

Kostenstellenrechnung

In der Kostenstellenrechnung werden die Kosten auf die Betriebsbereiche/Abteilungen (Kostenstellen) verteilt, in denen sie angefallen sind. Die Verteilung wird mithilfe des Betriebsabrechnungsbogens (BAB) vorgenommen und verfolgt einen doppelten Zweck: Einmal muss man für die Kostenkontrolle und -beeinflussung wissen, wo die Kosten entstanden sind, und zum anderen ist eine genaue Stückkostenberechnung nur möglich, wenn die betrieblichen Leistungen mit den Kosten derjenigen Stellen belastet werden, die diese Leistungen erbringen.

Struktur von Kostenstellen

Eine Kostenstelle ist eine organisatorische Einheit innerhalb der Kostenrechnung, die einen eindeutig abgegrenzten Ort der Kostenentstehung darstellt. Für die Bildung einer Kostenstelle gilt: „So grob wie möglich und so fein wie nötig".

Kriterien zur Bildung von Kostenstellen:

— Verantwortungsbereich (z. B. Herr Meier, Leiter Konstruktion)
— Rechenbereich (z. B. Energiekosten, Gebäudekosten)
— Funktionsbereich (Vertrieb, Materiallager, Fertigung I, ...)
— Räumliche Gliederung (z. B. Energiekosten Produktionsstandort Portugal, Spanien, ...)

```
          ┌─────────────────────────────────────┐
          │   Einteilung der Kostenstellen      │
          └─────────────────────────────────────┘
```

Hilfskostenstellen	Hauptkostenstellen
Die gesammelten Kosten werden auf weitere Kostenstellen umgelegt. Es kann unterschieden werden nach: ▪ Allgemeine Hilfskostenstellen (z. B. Kantine, Werksarzt, Energie-, Wasserversorgung): Umlage an alle weiteren Kostenstellen. ▪ Spezielle Hilfskostenstellen (z. B. Arbeitsvorbereitung, Fuhrpark): Umlage erfolgt nur an einige Kostenstellen.	Die auf den Hauptkostenstellen (z. B. Materialbereich, Fertigung, Montage, Verwaltung, Vertrieb) gesammelten Kosten werden direkt auf die Kostenträger verrechnet.

Abbildung: Einteilung der Kostenstellen

Betriebsabrechnungsbogen (BAB)

Mithilfe des Betriebsabrechnungsbogens werden die primären Gemeinkosten verursachungsgerecht auf die Kostenstellen verteilt. Die Umlage der Kosten der allgemeinen auf die nachfolgenden Kostenstellen (je nach Inanspruchnahme) erfolgt mit der innerbetrieblichen Leistungsverrechnung. Außerdem werden die Zuschlagssätze (Gemeinkostenzuschläge für Hauptkostenstellen) ermittelt.

Vorgehensweise:

1 Aufschlüsseln der Kosten nach Einzel- und Gemeinkosten.

2 Verteilen (Eintragen) der Gemeinkosten auf die Hilfs- und Hauptkostenstellen, → Summen ermitteln.

3 Innerbetriebliche Leistungsverrechnung durchführen, Hilfskostenstellen auf Hauptkostenstellen umlegen.

4 Sind die Hilfskostenstellen leer: → Gemeinkostenzuschläge für Hauptkostenstellen ermitteln.

5 Ermittlung der Kostenstellenabweichungen (Kostenkontrolle in der Normalkostenrechnung).

Beim BAB muss darauf geachtet werden, für welchen Zeitraum (Monat, Quartal, Jahr) der BAB erstellt wird. Die Kosten sind für diesen Zeitraum entsprechend umzurechnen.

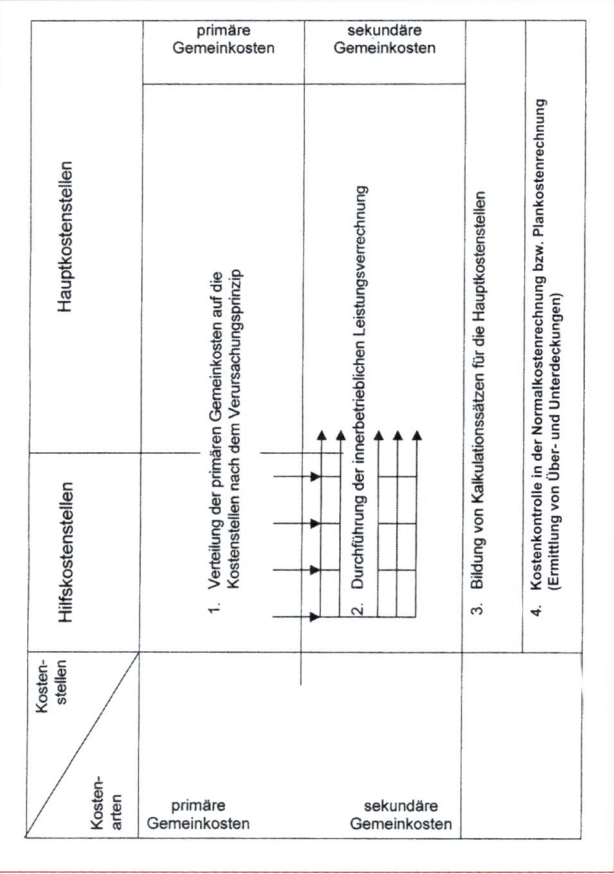

Abbildung: Formaler Aufbau eines BAB (Quelle: Haberstock, S. 117, Berlin, 1998)

Innerbetriebliche Leistungsverrechnung

Vorgehensweise nach dem Stufenleiterverfahren

1 Hilfskostenstellen nach Wertsumme der empfangenen Leistungen sortieren. Diejenige, die am wenigsten von den anderen bekommt, kommt an den Anfang. Dieser erste Schritt ist nur dann durchzuführen, wenn die Reihenfolge nicht bereits durch den BAB vorgegeben ist.

2 Verteilen der Gemeinkosten der ersten Hilfskostenstelle nach folgendem Verteilungsschlüssel:

$$\frac{GK_{HK1}}{n_{LE}} \times LE_{KS}$$

GK_{HK1} = Gesamtgemeinkosten erste Hilfskostenstelle
n_{LE} = Anzahl der insgesamt abgegebenen Leistungseinheiten
LE_{KS} = an bestimmte Kostenstelle abgegebene Leistungseinheiten

3 Erste Hilfskostenstelle muss jetzt „leer" sein.

4 Zweite Hilfskostenstelle: Zunächst werden die von der ersten Hilfskostenstelle zugeführten sekundären Gemeinkosten zu den primären Gemeinkosten der zweiten Kostenstelle addiert.

5 Falls die zweite Hilfskostenstelle Leistungen an die erste Hilfskostenstelle abgibt, werden diese Leistungseinheiten nicht mehr berücksichtigt. Somit gilt:

Kosten einer Leistungseinheit der zweiten Hilfskostenstelle

$$= \frac{GK_{HK2} + GK_{HK1}}{n_{LE} - LE_{HK1}}$$

GK_{HK2} = Gemeinkosten der zweiten Hilfskostenstelle
GK_{HK1} = Gemeinkostenanteil der ersten Hilfskostenstelle
n_{LE} = Anzahl der insgesamt abgegebenen Leistungs-
          einheiten
LE_{HK1} = an erste Hilfskostenstelle abgegebene Leis-
          tungseinheiten

6 Die Gemeinkosten der zweiten Hilfskostenstelle sind entsprechend der Inanspruchnahme der nachgeordneten Hilfs-
und Hauptkostenstellen zu verteilen.

7 Die zweite Hilfskostenstelle muss jetzt „leer" sein.

8 Bei allen weiteren Hilfskostenstellen ist mit Schritt Nr. 4
fortzufahren.

Vorgehensweise nach dem Gleichungsverfahren

1 Gleichungen aufstellen.

2 Gleichungen nach primären Kosten umstellen und unterei-
nander schreiben.

3 Eine der Gleichungen so erweitern, dass in beiden Gleichungen eine Leistungsart vorzeichenverkehrte, sonst aber
identische Werte annimmt.

4 Beide Gleichungen addieren, somit entfällt diese Leistungsart aus der neuen Gleichung.

5 Neue Gleichung auflösen, Ergebnis einsetzen.

Ermittlung von Zuschlagssätzen

Materialgemeinkostenzuschlag

$$= \frac{\text{Materialgemeinkosten}}{\text{Materialeinzelkosten}} \times 100$$

Fertigungsgemeinkostenzuschlag

$$= \frac{\text{Fertigungsgemeinkosten}}{\text{Fertigungseinzelkosten}} \times 100$$

Sondereinzelkosten werden bei der Berechnung der Zuschläge nicht berücksichtigt.

Verwaltungsgemeinkostenzuschlag

$$= \frac{\text{Verwaltungsgemeinkosten}}{\text{Herstellkosten}} \times 100$$

Vertriebsgemeinkostenzuschlag

$$= \frac{\text{Vertriebsgemeinkosten}}{\text{Herstellkosten}} \times 100$$

Die Summe der Material- und der Fertigungskosten bilden die Herstellkosten. *Siehe. S. 28*

Kostenträgerrechnung

Kostenträger sind die betrieblichen Leistungen, die die verursachten Kosten „tragen" müssen. Die Kostenträgerrechnung wird unterteilt in die Kostenträgerstückrechnung und die Kostenträgerzeitrechnung.

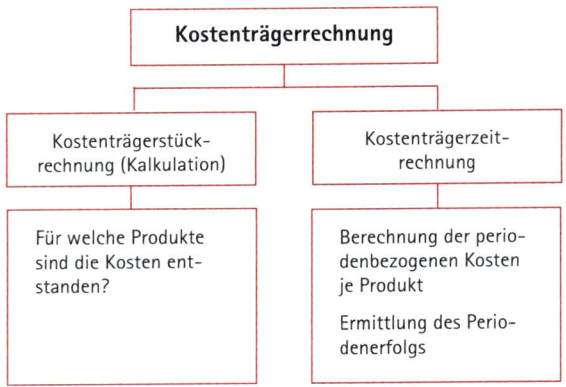

Abbildung: Unterteilung der Kostenträgerrechnung

Divisionskalkulation

Einstufige Divisionskalkulation:

Selbstkosten je Stück (k)

$$= \frac{\text{Gesamtkosten (K)}}{\text{produzierte und abgesetzte Menge (x)}}$$

Zweistufige Divisionskalkulation:

Selbstkosten je Stück (k)

$$= \frac{\text{Herstellkosten } (K_H)}{\text{produzierte Menge } (x_p)} + \frac{\text{Verw. - u. Vertr.kosten } (K_{VuV})}{\text{abgesetzte Menge } (x_A)}$$

Mehrstufige Divisionskalkulation:

$$\text{Selbstkosten je Stück} = \frac{\text{Herstellkosten 1}}{\text{prod. Menge 1}} + \frac{\text{Herstellkosten 2}}{\text{prod. Menge 2}}$$

$$+ \ldots + \frac{\text{Herstellkosten n}}{\text{prod. Menge n}} + \frac{\text{Verw.- und Vertr.kosten}}{\text{abgesetzte Menge}}$$

Zur Bewertung unfertiger Erzeugnisse sind die Herstellkosten der einzelnen Produktionsstufen zu addieren.

Voraussetzungen für die Anwendung:

— Einproduktunternehmen,

— keine Lagerbestandsveränderungen.

Äquivalenzziffernkalkulation

Rechenschritte:

1 Ermittlung der Verrechnungseinheiten:
= Menge je Sorte × Äquivalenzziffer

2 Verrechnungseinheiten der verschiedenen Sorten aufsummieren

3 Kosten einer Verrechnungseinheit:

$$= \frac{\text{Gesamtkosten}}{\text{Summe aller Verrechnungseinheiten}}$$

4 Stückkosten/Sorte:
= Stückkosten der Verrechnungseinheit × Äquivalenzziffer der Sorte

Differenzierende Zuschlagskalkulation

	Bezeichnung	
(1)	Materialeinzelkosten	
(2)	Materialgemeinkosten	in % bezogen auf (1)
(3)	Materialkosten	= (1) + (2)
(4)	Fertigungseinzelkosten	
(5)	Fertigungsgemeinkosten	in % bezogen auf (4)
(6)	Sondereinzelkosten d. Fertigung	
(7)	Fertigungskosten	= (4) + (5) + (6)
(8)	**Herstellkosten**	= (3) + (7)
(9)	Verwaltungsgemeinkosten	in % bezogen auf (8)
(10)	Vertriebsgemeinkosten	in % bezogen auf (8)
(11)	Sondereinzelkosten d. Vertriebs	
(12)	**Selbstkosten**	= (8) + (9) + (10) + (11)
	Angebotskalkulation ausgehend von Selbstkosten	
(13)	Gewinnaufschlag	in % bezogen auf (12)
(14)	Barverkaufspreis	= (12) + (13)
(15)	Kundenskonto	in % bezogen auf (16)
(16)	Zielverkaufspreis	= (14) + (15)
(17)	Kundenrabatt	in % bezogen auf (18)
(18)	**Verkaufspreis netto**	= (16) + (17)
(19)	gesetzliche Mehrwertsteuer	in % bezogen auf (18)
(20)	**Angebotspreis brutto**	= (18) + (19)

Beachte: Rabatte und Skonti werden in der Angebotskalkulation nicht als Aufschläge, sondern als Abzugsgrößen berechnet.

Maschinenstundensatzrechnung

Die Maschinen werden wie Fertigungskostenstellen behandelt.

1 Aufteilen der Fertigungsgemeinkosten in maschinenabhängige Fertigungsgemeinkosten und maschinenunabhängige Fertigungsgemeinkosten (Restfertigungsgemeinkosten):

– a) Maschinenabhängige Fertigungsgemeinkosten (FKG): z. B. Abschreibung, Zinsen, Instandhaltungs-, Raum-, Energiekosten etc. der jeweiligen Maschine

[handschriftlich: Wiederbe = Anschaffung +]

Kostenart	Berechnung
Kalk. Abschreibungen *[handschriftlich: AfA]*	$= \dfrac{\text{Wiederbeschaffungswert} - \text{Resterlös}}{\text{Nutzungsdauer} \times \text{Laufzeit pro Periode}}$
Kalk. Zinsen *[handschriftlich: $\frac{AW}{2} \cdot Zins$]*	$= \dfrac{\varnothing \text{ geb. Kapital} \times \text{Zinssatz}}{\text{Maschinenlaufzeit pro Periode}}$
Instandhaltungskosten	$= \dfrac{\text{gesamte Inst.-kosten pro Periode}}{\text{Maschinenlaufzeit pro Periode}}$
Raumkosten	$= \dfrac{\text{Raumbedarf} \times \text{m}^2\text{-Satz}}{\text{Maschinenlaufzeit pro Periode}}$
Energiekosten	$=$ (Energiebedarf pro Std.) x (Kosten je Energieeinheit)
Weitere Kostenarten: Versicherungsprämien, Werkzeug- und Vorrichtungskosten, Schmier- und Kühlmittelkosten, Maschinenreinigung	
$\text{WBW} = \text{Anschaffungspreis} \times \dfrac{\text{Index zum Bewertungszeitpunkt}}{\text{Index des Baujahrs}}$	

Hinweis: Im Text ist bei "Wiederbeschaffungswert – Resterlös" das "– Resterlös" durchgestrichen und "Laufzeit pro Periode" durchgestrichen.

b) Gesamtgemeinkosten der jeweiligen Maschine

   – <u>maschinenabhängige FGK der jeweiligen Maschine</u>

   = Restfertigungsgemeinkosten

2 Ermittlung des Maschinenstundensatzes:

Maschinenstundensatz

$$= \frac{\text{maschinenabh. Fertigungsgemeinkosten pro Periode}}{\text{Maschinenlaufzeit der Maschine pro Periode}}$$

3 Ermittlung des Restfertigungsgemeinkostenzuschlags:

Restfertigungsgemeinkostenzuschlag einer Maschine

$$= \frac{\text{Restfertigungsgemeinkosten der jeweiligen Maschine}}{\text{Fertigungseinzelkosten der jeweiligen Maschine (FEK)}}$$

Auftragskalkulationsschema mit Maschinenstundensätzen	
	Materialeinzelkosten (MEK)
+	Materialgemeinkosten (MGK)
+	Fertigungseinzelkosten (FEK) Maschine 1
+	maschinenabhängige Fertigungsgemeinkosten Maschine 1
+	Restfertigungsgemeinkosten Maschine 1 (in % der FEK)
+	(analog: Maschine 2, 3, 4 etc.)
+	Sondereinzelkosten der Fertigung (SEK$_{Fert}$)
=	**Herstellkosten (HK)**
+	Verwaltungsgemeinkosten (Verw.-GK)
+	Vertriebsgemeinkosten (Vertr.-GK)
+	Sondereinzelkosten des Vertriebs (SEK$_{Vertr.}$)
=	**Selbstkosten (SK)**

Kuppelproduktion

Restwertmethode

Stückkosten des Hauptprodukts

$$= \frac{\text{Gesamtkosten} - \text{Erlöse der Nebenprodukte}}{\text{produzierte Menge des Hauptprodukts}}$$

Das Verfahren ist geeignet, wenn die Kuppelprodukte in ein Haupt- und ein bzw. mehrere Nebenprodukte unterteilt werden können.

Kurzfristige Erfolgsrechnung

Vergleich Gesamt-/Umsatzkostenverfahren

Gesamtkostenverfahren

	Umsatzerlöse
+/–	Bestandsveränderungen
+	andere aktivierte Eigenleistungen
=	**Gesamtleistung**
–	gesamte Kosten
=	**Betriebsergebnis**

Umsatzkostenverfahren

	Umsatzerlöse
–	Selbstkosten der in der Periode abgesetzten Produkte
=	**Betriebsergebnis**

Deckungsbeitragsrechung

Gesamtdeckungsbeitrag = Umsatz – variable Gesamtkosten

Stückdeckungsbeitrag = Stückpreis – variable Stückkosten

Schema der Deckungsbeitragsrechnung:

  Umsatzerlöse
– variable Gesamtkosten
= Gesamtdeckungsbeitrag
– fixe Kosten
= Betriebsergebnis

Einstufige Deckungsbeitragsrechnung

Deckungsbeitrag = Stückdeckungsbeitrag × Absatzmenge

Betriebserfolg = Deckungsbeitrag – Gesamtfixkosten

Deckungsbeitragsrechnung bei Absatzengpässen

1 Stückdeckungsbeiträge der einzelnen Produkte ermitteln.
2 Das Produkt mit dem höchsten absoluten Stückdeckungsbeitrag wird mit oberster Priorität produziert etc.

Mehrstufige Deckungsbeitragsrechnung

	Umsatzerlöse
–	variable Produktkosten
=	Deckungsbeitrag I
–	Produktfixkosten
=	Deckungsbeitrag II
–	Produktgruppenfixkosten
=	Deckungsbeitrag III
–	Produktbereichsfixkosten
=	Deckungsbeitrag IV
–	Unternehmensfixkosten
=	Betriebsergebnis

Deckungsbeitragsrechnung bei Absatzengpässen und Fertigungsengpässen

Vorgehensweise:

1 Ermittlung der Stückdeckungsbeiträge für jedes Produkt.

2 Ermittlung der relativen Stückdeckungsbeiträge:

Relativer Stückdeckungsbeitrag

$$= \frac{\text{absoluter Stückdeckungsbeitrag}}{\text{Engpassbeanspruchung}}$$

In der Reihenfolge abnehmender relativer Stückdeckungsbeiträge wird eine Prioritätenliste der Produkte erstellt.

3 Die frei verfügbare Kapazität wird nach der Priorität unter Berücksichtigung der Absatzhöchstmengen auf die Produkte verteilt.

4 Berechnung des Betriebserfolgs:

Erfolg = (produzierte Menge × jeweilige absolute Deckungsbeiträge) – fixe Kosten

Anzahl Produkt 1 × absoluter Deckungsbeitrag 1

+ Anzahl Produkt 2 × absoluter Deckungsbeitrag 2

+ etc.

– Fixkosten

= **Betriebserfolg**

Je geringer die Beanspruchung, desto höher der relative Deckungsbeitrag. Mithilfe des relativen Deckungsbeitrags wird die Reihenfolge festgelegt.

Für die Erfolgsrechnung werden aber die absoluten Deckungsbeiträge benötigt.

Make-or-buy-Entscheidung

Der Fremdbezug ist der Eigenfertigung vorzuziehen, wenn gilt:

Kosten des Fremdbezugs < Kosten der Eigenfertigung

Für kurzfristige Entscheidungen ohne Engpass sind nur die variablen Kosten, bei langfristigen Entscheidungen die Gesamtkosten zu betrachten.

Bei Endprodukten:

Deckungsbeitrag Fremdbezug
= Verkaufspreis – Einkaufspreis

Deckungsbeitrag Eigenfertigung
= Verkaufspreis – variable Stückkosten

Entscheidung über Fremdbezug oder Eigenfertigung eines Halbfabrikats bei Maschinenengpässen:

Fremdbezugspreis – variable Kosten Eigenfertigung
= „Opportunitätsdeckungsbeitrag"

Dieser „Opportunitätsdeckungsbeitrag" wird in einer relativen Deckungsbeitragsrechnung den restlichen Produkten des Unternehmens gegenübergestellt.

Bei einer Gesamterfolgsrechnung ist zu berücksichtigen, dass Fixkosten sich durch Fremdbezug in der kurzfristigen Betrachtung nicht verringern! Denn die einmal aufgebauten Kapazitäten sind da und kosten Geld.

Plankostenrechnung

Starre Plankostenrechnung

Plankostenverrechnungssatz (Plan-Kalkulationssatz):

$$\text{PlanKalkSatz} = \frac{\text{gesamte Plankosten}}{\text{Planbeschäftigung}}$$

Planbeschäftigung ist i. d. R. Vollbeschäftigung, d. h. Kapazitätsauslastung.

Verrechnete Plankosten = PlanKalkSatz × Istbeschäftigung

Gesamtabweichung = Istkosten – verrechnete Plankosten

Flexible Plankostenrechnung

Sollkosten =

$$\text{fixe Plankosten} + \frac{\text{var. Plankosten}}{\text{Planbeschäftigung}} \times \text{Istbeschäftigung}$$

$$\text{Verrechnete Plankosten} = \text{PlanKalkSatz} \times \text{Ist-beschäftigung}$$

$$\text{Variabler PlanKalkSatz} = \frac{\text{gesamte variable Plankosten}}{\text{Planbeschäftigung}}$$

Abweichungsanalyse

Gesamtkostenabweichung:

Gesamtabweichung = Istkosten – verrechnete Plankosten

Abweichungsanalyse, wenn keine Preisänderungen gegeben sind:

Verbrauchsabweichung = Istkosten – Sollkosten

Beschäftigungsabweichung
= Sollkosten – verrechnete Plankosten

Abweichungsanalyse bei Preisänderungen:

Preisabweichung
= Istkosten (zu Istpreisen) – Istkosten (zu Planpreisen)

Verbrauchsabweichung
= Istkosten (zu Planpreisen) – Sollkosten

Beschäftigungsabweichung
= Sollkosten – verrechnete Plankosten

Bewertung/Jahres-abschlussanalyse

Bewertung

Es gilt der Grundsatz der Einzelbewertung, d. h. grundsätzlich sind alle Vermögensgegenstände und Schulden einzeln zu bewerten. In Ausnahmefällen, aus Gründen der Wirtschaftlichkeit, sind auch Gruppenbewertung, Festbewertung (§ 240 Abs. 3 u. 4 HGB) oder die Bewertung nach unterstellten Verbrauchs- oder Veräußerungsfolgen (§ 256 HGB) möglich.

Eine wichtige Rolle im Rahmen der Bewertung ist dem Vorsichtsprinzip beizumessen. Es wird durch das Realisations- und das Imparitätsprinzip konkretisiert.

Anschaffungskosten

Die Anschaffungskosten setzen sich wie folgt zusammen:

	Anschaffungspreis
+	Anschaffungsnebenkosten
+	nachträgliche Anschaffungskosten
–	Anschaffungspreisminderungen
=	Anschaffungskosten (AK)

Herstellungskosten

Die Herstellungskosten nach neuem HGB (BilMoG) und Steuerrecht umfassen die Einzelkosten und die folgenden Gemeinkosten:

Herstellungskosten (HK) nach Handels- und Steuerrecht		
Pflicht		Materialeinzelkosten
	+	Fertigungseinzelkosten
	+	SEK der Fertigung
	+	Materialgemeinkosten
	+	Fertigungsgemeinkosten
	+	Werteverzehr des Anlagevermögens
	=	**Wertuntergrenze**
Wahlrecht	+	Allgemeine Verwaltungskosten
	+	Kosten für freiwillige Leistungen
	+	Kosten für betriebliche Altersversorgung
	+	Kosten für soziale Einrichtungen des Betriebs
	+	Fremdkapitalzinsen
	=	**Wertobergrenze**
Verbot		**Vertriebskosten**
		Forschungskosten
		Kalkulatorische Kosten

Fortgeführte Anschaffungs- und Herstellungskosten

Die fortgeführten AK/HK ergeben sich als Wertansatz für alle abnutzbaren Anlagegüter unter Berücksichtigung der Abschreibungen:

Anschaffungskosten/Herstellungskosten
- planmäßige Abschreibungen
= **fortgeführte Anschaffungs-/Herstellungskosten**

Beizulegender Wert

Im Rahmen der verlustfreien Bewertung, einer retrograden Bewertungsmethode, geht man von folgendem Schema aus:

Vorsichtig geschätzter Verkaufserlös
- Erlösschmälerungen (Rabatte, Skonti, Boni)
- noch anfallende Herstellungskosten
- noch anfallende Vertriebskosten (z. B. Verpackung, Ausgangsfrachten, Provisionen)
- noch anfallende Verwaltungskosten (Einzelkosten der allg. Verwaltung)
- noch anfallende Kapitaldienstkosten
= **aktueller beizulegender Wert**

Zur Bewertung der Erzeugnisse eines Unternehmens (unfertige und fertige Erzeugnisse) und der zugekauften Waren, die zum späteren Verkauf bestimmt sind, kann die so genannte verlustfreie oder retrograde Bewertung angewendet werden.

Strukturbilanz

Strukturbilanz	
Anlagevermögen (Langfristige Vermögensgegenstände)	**Eigenkapital**
Immaterielles Anlagevermögen	Gezeichnetes Kapital
Sachanlagevermögen	– ausstehende Einlagen
Finanzanlagevermögen	Kapitalrücklage
Sachanlagevermögen	Gewinnrücklage
Forderungen mit Restlaufzeit > 1 Jahr	– Rücklage für eigene Anteile
	Gesellschafterdarlehen
	70 % der Sonderposten mit Rücklageanteil
	Sonstige Hinzurechnungen
	+ passivische latente Steuern
	+ Aufwandsrückstellungen
	Sonstige Kürzungen
	– Aufwendungen für Ingangsetzung und Erweiterung des Geschäftsbetriebs
	– aktivierter Firmenwert
	– Disagio
	– aktivische latente Steuern
	– nicht ausgewiesene Rückstellungen
	Berücksichtigung der Gewinnverwendung
	+/– Jahresüberschuss/Jahresfehlbetrag
	+/– Gewinnvortrag/Verlustvortrag
	– auszuschüttender Betrag

Umlaufvermögen (Kurzfristiges Vermögen)	Langfristiges Fremdkapital
	Pensionsrückstellungen inkl. nicht ausgewiesene Pensionsrückstellungen
Vorräte	Verbindlichkeiten ≥ 5 Jahre
	Mittelfristiges Fremdkapital
Forderungen < 1 Jahr Wertpapiere des UV (evtl. – eigene Anteile) Liquide Mittel	30 % der Sonderposten mit Rücklageanteil Verbindlichkeiten ≥ 1 Jahr Restlaufzeit < 5 Jahre
	Kurzfristiges Fremdkapital
Aktive RAP (ohne latente Steuern u. Disagio)	Steuern und sonstige Rückstellungen - Aufwandsrückstellungen - passivische latente Steuern Verbindlichkeiten Restlaufzeit < 1 Jahr einschließlich erhaltene Anzahlungen Passiver RAP Dividendenausschüttung

Erstellung einer Strukturbilanz

Die Bilanz sowie die Gewinn- und Verlustrechnung entsprechen in der Form, in der sie erstellt und veröffentlicht werden, nicht von vornherein den Erfordernissen einer eingehenden Jahresabschlussanalyse. Sie müssen für die Kennzahlenanalyse entsprechend aufbereitet werden.

Die Strukturbilanz als Ergebnis der Aufbereitungsmaßnahmen ist die Voraussetzung für eine präzisere Analyse und führt zu exakteren Kennzahlenwerten.

Kennzahlen zur Vermögensstruktur

$$\text{Vermögenskonstitution} = \frac{\text{Anlagevermögen}}{\text{Umlaufvermögen}} \times 100$$

$$\text{Anlagenintensität} = \frac{\text{Anlagevermögen}}{\text{Gesamtvermögen}} \times 100$$

Die Anlagenintensität gibt über den Grad der Beweglichkeit eines Unternehmens Auskunft.

$$\text{Umlaufintensität} = \frac{\text{Umlaufvermögen}}{\text{Gesamtvermögen}} \times 100$$

Eine ausgeprägte Umlaufintensität könnte auf einen hohen Lagerbestand oder einen hohen Forderungsbestand hinweisen.

Umschlagsdauer des Vorratsvermögens

$$= \frac{\text{durchschnittliche Vorräte}}{\text{Umsatz}} \times 365$$

Investitionsquote des Sachanlagevermögens

$$= \frac{\text{Nettoinvestitionen in Sachanlagen}}{\text{Sachanlagevermögen zu AK/HK am Jahresanfang}} \times 100$$

Die Investitionsquote gibt Auskunft über die Investitionsneigung und die Zukunftsvorsorge des Unternehmens.

Investitionsdeckung

$$= \frac{\text{Abschreibung auf Sachanlagen der Periode}}{\text{Sachanlagenzugänge} - \text{Sachanlagenabgänge}} \times 100$$

– Investitionsdeckung < 1 → echter Anlagenzugang
– Investitionsdeckung > 1 → Ersatz-/Desinvestition

Die Investitionsdeckung zeigt, in welchem Umfang die Investitionen aus Abschreibungen finanziert werden konnten.

Innenfinanzierungsgrad Investitionen $= \dfrac{\text{Cashflow}}{\text{Nettoinvestitionen}} \times 100$

Diese Kennzahl dient als Maßstab für die Investitionskraft des Unternehmens. Dabei wird als Investitionskraft das Ausmaß verstanden, in dem ein Unternehmen Investitionen durchführen kann, ohne den Geld- oder Kapitalmarkt in Anspruch nehmen zu müssen.

Abschreibungsquote des Sachanlagevermögens

$$= \frac{\text{Jahresabschreibungen auf Sachanlagen}}{\text{Sachanlagevermögen zu AK/HK am Jahresende}} \times 100$$

Mit steigender Abschreibungsquote werden stille Reserven zu Lasten des Gewinns gebildet.

Anlagenabnutzungsgrad

$$= \frac{\text{kumulierte Abschreibungen auf Sachanlagen}}{\text{Sachanlagevermögen zu AK/HK am Periodenende}} \times 100$$

Umschlaghäufigkeit des Anlagevermögens

$$= \frac{\text{Abschreibungen des Sachanlagevermögens} + \text{Abgänge des Sachanlagevermögens}}{\varnothing \text{ Bestand des Sachanlagevermögens zu AK/HK}} \times 100$$

Umschlaghäufigkeit des Umlaufvermögens

$$= \frac{\text{Umsatz}}{\varnothing \text{ Bestand des Umlaufvermögens}} \times 100$$

Kennzahlen zur Kapitalstruktur

Eigenkapitalquote $= \dfrac{\text{Eigenkapital}}{\text{Gesamtkapital}} \times 100$

Je höher der Eigenkapitalanteil am Gesamtkapital ist, desto kreditwürdiger und konkurrenzfähiger ist ein Unternehmen.

Statischer Verschuldungsgrad $= \dfrac{\text{Fremdkapital}}{\text{Eigenkapital}} \times 100$

Dynamischer Verschuldungsgrad $= \dfrac{\text{Effektivverschuldung}}{\text{Cashflow}} \times 100$

Der dynamische Verschuldungsgrad zeigt, in wie vielen Jahren die Verbindlichkeiten durch den Cashflow zurückgezahlt werden können (Schuldentilgungsdauer). Ein Wert von weniger als 3,5 Jahren wird in der Praxis als Maßstab für ein solides Unternehmen angesehen.

Anspannungsgrad $= \dfrac{\text{Fremdkapital}}{\text{Gesamtkapital}} \times 100$

Intensität des langfristigen Kapitals

$$= \frac{\text{Eigenkapital + langfristiges Fremdkapital}}{\text{Gesamtkapital}} \times 100$$

Liquiditätskennzahlen

$$\text{Liquidität 1. Grades} = \frac{\text{liquide Mittel}}{\text{kurzfristiges Fremdkapital}} \times 100$$

Bei der Liquidität ersten Grades spricht man auch von der Barliquidität bzw. absoluten Liquidity Ratio. Die Liquidität ersten Grades sollte mindestens 20 Prozent erreichen.

$$\text{Liquidität 2. Grades} = \frac{\text{monetäres Umlaufvermögen}}{\text{kurzfristiges Fremdkapital}} \times 100$$

Die Liquidität auf kurze Sicht ist gegeben, wenn die Liquidität 2. Grades größer als 100 % ist.

$$\text{Liquidität 3. Grades} = \frac{\text{Umlaufvermögen}}{\text{kurzfristiges Fremdkapital}} \times 100$$

Die Liquidität dritten Grades wird in Form einer absoluten Zahl auch als Working Capital bezeichnet.

Working Capital = Umlaufvermögen – kurzfr. Fremdkapital

Das Working Capital sollte unbedingt positiv sein, da dies die Basis ist, um die kurzfristigen Verbindlichkeiten zu begleichen.

$$\text{Deckungsgrad A} = \frac{\text{Eigenkapital}}{\text{Anlagevermögen}} \times 100$$

Der Deckungsgrad A drückt aus, inwieweit das Anlagevermögen durch Eigenkapital gedeckt ist. Wünschenswert ist, dass das Eigenkapital das Anlagevermögen zu 100 Prozent deckt.

Grundstücke und Gebäude sollten zumindest mit Eigenkapital finanziert werden.

$$\text{Deckungsgrad B} = \frac{\text{Eigenkapital} + \text{langfr. Fremdkapital}}{\text{Anlagevermögen}} \times 100$$

Der Deckungsgrad B berücksichtigt, dass für langfristige Investitionen neben dem Eigenkapital auch langfristiges Fremdkapital eingesetzt werden kann. Der Deckungsgrad B sollte immer größer als 100 Prozent sein, da das Anlagevermögen immer langfristig finanziert werden sollte.

Deckungsgrad C

$$= \frac{\text{Eigenkapital} + \text{langfristiges Fremdkapital}}{\text{Anlagevermögen} + \text{langfristiges Umlaufvermögen}} \times 100$$

Cashflow

Der Cashflow misst als Finanzkraft-Indikator die Fähigkeit des Unternehmens, aus eigener Kraft zur Innenfinanzierung, Schuldentilgung und Dividendenzahlung beizutragen. In der Praxis wird der Cashflow häufig in seiner einfachsten Form verwendet. Er errechnet sich dann als:

  Jahresüberschuss/Jahresfehlbetrag
+ Abschreibungen und Wertberichtigungen
− Zuschreibungen zugunsten des Ergebnisses
+ Erhöhungen der langfristigen Rückstellungen
− Verminderungen der langfristigen Rückstellungen
= Cashflow

Direkte Ermittlung: Der Cashflow kann unternehmensintern ermittelt werden:

zahlungswirksame Erträge
– zahlungswirksame Aufwendungen
= Cashflow

Cashflow/Umsatzrate $= \dfrac{\text{Cashflow}}{\text{Umsatz}} \times 100$

Die Kennzahl „Cashflow/Umsatzrate" sagt aus, wie viel Prozent des Umsatzes dem Unternehmen zu Selbstfinanzierung, Schuldentilgungen oder Ausschüttungen zur Verfügung standen.

Debitorenziel

$= \dfrac{\text{durchschn. Forderungen aus Lieferungen und Leistungen}}{\text{Umsatz pro Jahr}} \times 365$

Das Debitorenziel (Forderungslaufzeit) gibt Aufschluss über das Zahlungsverhalten der Kunden.

Kreditorenziel

$= \dfrac{\text{durchschn. Verbindlichk. aus Lieferungen und Leistungen}}{\text{Materialeinsatz + Fremdleistungen}} \times 365$

Das Kreditorenziel (Lieferantenziel) gibt an, nach wie vielen Tagen das Unternehmen im Durchschnitt seine Verbindlichkeiten bezahlt.

Rentabilitätskennzahlen

Die Rentabilität gibt grundsätzlich an, in welcher Höhe sich das eingesetzte Kapital eines Unternehmens in der betrachteten Periode verzinst hat. Je nachdem, welche Erfolgsgröße (Gewinn, Jahresüberschuss, ordentliches Betriebsergebnis, Cashflow oder Bruttogewinn) und welche Kapitalbasis (Eigenkapital, Gesamtkapital oder betriebsnotwendiges Kapital) verwendet werden, können verschiedene Rentabilitätskennziffern berechnet werden.

Eigenkapitalrentabilität $= \dfrac{\text{Gewinn}}{\text{Eigenkapital}} \times 100$ bzw.

Eigenkapitalrentabilität

$= \dfrac{\text{Jahresüberschuss} + \text{EE-Steuern}}{\text{Eigenkapital}} \times 100$

(EE-Steuern = Steuern vom Einkommen und Ertrag)

Gesamtkapitalrentabiltät

$= \dfrac{\text{Gewinn} + \text{Fremdkapitalzinsen}}{\text{Gesamtkapital}} \times 100$ bzw.

Gesamtkapitalrentabilität

$= \dfrac{\text{Jahresüberschuss} + \text{EE-Steuern} + \text{Fremdkapitalzinsen}}{\text{Gesamtkapital}} \times 100$

Die Gesamtkapitalrentabilität entspricht der internen Verzinsung des im Betrieb eingesetzten Kapitals. Sie zeigt die Ertragskraft des Unternehmens unabhängig von der Höhe der Verschuldung. Diese Kennzahl beurteilt die Leistungsfähigkeit eines Unternehmens besser als die Eigenkapitalrendite.

Leverage-Effekt

Der Leverage-Effekt besagt, dass die Eigenkapitalrentabilität (EKR) mit zunehmender Verschuldung steigt, solange die Gesamtkapitalrentabilität (GKR) des Unternehmens größer ist als der zu zahlende Fremdkapitalzinssatz für das aufzunehmende Fremdkapital. Bei Verlust kehrt sich der Effekt dagegen um. Der Verschuldungsgrad wirkt sich wie eine Art Hebel auf die Eigenkapitalrentabilität aus.

$$\text{EKR} = \text{GKR} + (\text{GKR} - \text{FKZ}) \times \frac{\text{Fremdkapital}}{\text{Eigenkapital}}$$

$$\text{Betriebsrentabilität} = \frac{\text{Betriebsergebnis}}{\text{betriebsnotwendiges Kapital}} \times 100$$

Hier werden durch die Eliminierung des neutralen Ergebnisses zufällige Schwankungen ausgeschlossen. Es wird die aus dem Betriebszweck resultierende nachhaltige Ertragskraft dargestellt.

Umsatzrentabilität

Bei der Umsatzrentabilität wird die Entstehung des Erfolgs analysiert. Sie zeigt, in welchem Verhältnis der Gewinn zum Geschäftsvolumen steht. Die Kennzahl Umsatzrentabilität wird in der Literatur in zweifacher Weise gedeutet:

$$\text{Umsatzrentabilität} = \frac{\text{Betriebsergebnis}}{\text{Umsatz}} \times 100 \quad \text{bzw.}$$

$$= \frac{\text{Gewinn}}{\text{Umsatz}} \times 100$$

Bei der zweiten Variante kann noch weiter unterschieden werden zwischen der Netto- und der Brutto-Umsatzrentabilität.

$$\textbf{Netto–Umsatzrentabilität} = \frac{\text{Gewinn}}{\text{Umsatz}} \times 100$$

$$\textbf{Brutto–Umsatzrentabilität}$$
$$= \frac{\text{Gewinn + Fremdkapitalzinsen}}{\text{Umsatz}} \times 100$$

Kapitalumschlag

$$\textbf{Kapitalumschlag} = \frac{\text{Umsatz}}{\text{Kapital}}$$

Je höher der Kapitalumschlag, desto intensiver ist die Nutzung des Kapitals und desto besser sind auch Rentabilität und Liquidität.

Return on Investment (ROI)

Der Return on Investment (ROI) misst die Rentabilität des Kapitaleinsatzes. Dabei wird entweder der Gewinn, der Jahresüberschuss oder der Cashflow dem investierten Kapital gegenübergestellt.

$$\textbf{ROI} = \frac{\text{Gewinn}}{\text{Umsatz}} \times \frac{\text{Umsatz}}{\text{Gesamtkapital (investiertes Kapital)}} \times 100$$

ROI = Umsatzrendite × Kapitalumschlag

Free Cashflow (FCF)

Der Free Cashflow eines Unternehmens entspricht den in einer bestimmten Periode operativ erwirtschafteten liquiden Mitteln, die nicht für Investitionen in Anlage- und Umlaufvermögen benötigt werden. Der FCF zeigt also die tatsächlich noch für Ausschüttungen an die Fremd- und Eigenkapitalgeber verfügbaren Mittel.

	Jahresüberschuss vor Steuern
-	Steuern vom Einkommen und Ertrag
+	Zinsen und ähnliche Aufwendungen
=	Net Operating Profit Less Adjusted Taxes (NOPLAT)
+/-	Abschreibungen/Zuschreibungen
+/-	Zuführung/Auflösung Sonderposten mit Rücklageanteil
+/-	Zuführung/Auflösung langfristige Rückstellungen
+/-	Sonstige nicht zahlungswirksame Aufwendungen/Erträge
=	Brutto-Cashflow
-/+	Zunahme/Abnahme des Working Capitals
-/+	Zunahme/Abnahme aktiver RAP
-/+	Zunahme/Abnahme passiver RAP
=	Operativer Cashflow
-	Ersatz- und Erweiterungsinvestitionen in das AV
-	Unternehmenssteuerersparnis aufgrund anteiliger Fremdfinanzierung (Tax Shield)
=	**Free Cashflow**

Economic Value Added (EVA)

EVA = Betriebsergebnis nach Steuern – Kapitalkosten

Der EVA zeigt, welche Werte in einer Periode geschaffen wurden.

EBIT (Earnings before Interest and Taxes)

Das EBIT = operatives Ergebnis vor Fremdkapitalzinsen und Steuern wird auch als Betriebsergebnis bezeichnet.

	Jahresüberschuss nach Steuern (After-tax Profit)
+	Ertragssteuern (Income Taxes)
=	**Jahresüberschuss vor Steuern (Pre-tax profit)**
+/-	Außerordentliches Ergebnis (Extraordinary Items, Discontinued Operations)
=	**Ergebnis der gewöhnlichen Geschäftstätigkeit** **(EBT** bzw. Earnings before Taxes)
+	Zinsaufwand (Interest Expenses)
=	**Gewinn vor Zinsen und Steuern** **(EBIT** bzw. Earnings before Interest and Taxes)

EBITDA (Earnings before Interest, Taxes, Depreciation and Amortization)

EBITDA = operatives Ergebnis vor Fremdkapitalzinsen, Steuern, Abschreibungen auf Sachanlagen und immaterielle Vermögensgegenstände.

	Gewinn vor Zinsen und Steuern (EBIT bzw. Earnings before Interest and Taxes)
+	Abschreibungen auf Sachanlagen (Depreciation)
+	Abschreibungen auf Goodwill (Amortization)
=	**Gewinn vor Zinsen, Steuern und Abschreibungen** (EBITDA bzw. Earnings before Interest, Taxes, Depreciation and Amortization)

Das EBITDA stellt eine operative Erfolgsgröße dar, die versucht, bilanzielle, steuerliche und finanzielle Sondereinflüsse aus den gängigen Gewinngrößen herauszurechnen, um das Unternehmen global vergleichen zu können.

Finanzierung

Unter Finanzierung versteht man im weitesten Sinne die Kapitalbeschaffung. Die Wahrung des finanziellen Gleichgewichts ist eine wichtige Aufgabe für jedes Unternehmen. Zu den langfristigen Finanzierungsregeln zählen die goldene Finanzierungsregel und die goldene Bilanzregel.

Goldene Bilanzregeln	Im engeren Sinne: $$\frac{\text{Eigenkapital} + \text{langfristiges Fremdkapital}}{\text{Anlagevermögen}} \geq 1$$
	Im weiteren Sinne: $$\frac{\text{Eigenkapital} + \text{langfr. Fremdkapital}}{\text{Anlagevermögen} + \text{langfr. Umlaufvermögen}} \geq 1$$
Goldene Finanzierungsregeln	$$\frac{\text{kurzfristiges Vermögen}}{\text{kurzfristiges Kapital}} \geq 1$$ $$\frac{\text{langfristiges Vermögen}}{\text{langfristiges Kapital}} \leq 1$$

Finanzierungsarten

Zur Deckung des Kapitalbedarfs kommen finanzielle Mittel der Innen- und Außenfinanzierung in Betracht. Die Finanzierungsarten können wie folgt unterschieden werden:

Finanzierungsarten		
Herkunft Rechts-stellung	Außenfinanzierung	Innenfinanzierung
Eigenfinan-zierung	Beteiligungsfinanzierung (Einlagen)	Selbstfinanzierung (offen, verdeckt) Finanzierung aus Vermögensumschichtungen Finanzierung aus Abschreibungen
Fremdfinan-zierung	Kreditfinanzierung Leasing, Factoring Subventionsfinanzierung	Finanzierung aus Rückstellungen

Effektivverzinsung

Für die Beurteilung eines Kredits ist nicht der Nominal-, sondern der Effektivzinssatz entscheidend, denn nur er sagt aus, wie viel ein Kredit tatsächlich kostet.

Unterjährige Verzinsung mit Zinseszins

$$p_m = \frac{p}{m}$$

$$p_{eff} = \left[\left(1+\frac{p_m}{100}\right)^m -1\right] \times 100$$

p_m = unterjähriger Periodenzins (nominal)

p = Nominaljahreszins = $m \times p_m$

m = Anzahl der unterjährigen Perioden

p_{eff} = Jahreseffektivzins

Effektivverzinsung eines Verbraucherkredits:

$$p_{eff} = \frac{\text{Gesamtkosten} \times 2.400}{(\text{Laufzeit in Monaten} + 1) \times \text{Nettokredit}} = \text{Jahreseffektivzins}$$

Rückzahlungsmodalitäten und Effektivzinsbestimmung bei Darlehensfinanzierung

Annuitätendarlehen

Beim Annuitätendarlehen bleibt der Kapitaldienst im Zeitablauf unverändert. Das bedeutet, dass der Anteil der Tilgung an dem gleich bleibenden Teilzahlungsbetrag (Annuität) während der Laufzeit steigt, während der Anteil der Zinsen aufgrund des durch die Amortisation sinkenden Kreditbetrags kontinuierlich zurückgeht. Die Annuitäten werden ermittelt, indem der Barwert (K_0) des Darlehens mit dem Annuitätenfaktor[1] (ANF) multipliziert wird:

---

[1] Siehe finanzmathematische Formeln im Kapitel „Investition".

Annuität = Darlehensbetrag × Annuitätenfaktor

$$\text{Annuität} = K_0 \times \frac{q^n \times i}{q^n - 1}$$

Festdarlehen (endfälliges Darlehen) mit einem Disagio

Beim Festdarlehen bestehen die Kapitaldienste des Kreditnehmers während der Laufzeit nur aus gleich bleibend hohen Zinsen. Am Ende der Laufzeit wird das gesamte Darlehen in einer Summe getilgt.

Effektivzinsberechnung mit Faustformel:

$$i_{eff} = \frac{i_{nom} + \dfrac{R - A}{n}}{A} \times 100$$

i_{eff} = Effektivzinssatz
i_{nom} = Nominalzinssatz (dezimal)
R   = Rückzahlungsbetrag (dezimal)
A   = Auszahlungskurs (dezimal)
n   = Laufzeit (Jahre)

Effektivzinsberechnung mit Restwertverteilungsfaktor (RVF)[2]

Die Faustformel enthält Fehler, sodass bei großen Darlehen, die über mehrere Jahre laufen, Abweichungen in der Größenordnung von mehreren Zehntelprozentpunkten entstehen können.

---

[2] Siehe finanzmathematische Formeln im Kapitel „Investition"

$$i_{eff} = \frac{i_{nom} + (R - A) \times RVF}{A} \times 100$$

Abzahlungsdarlehen (Ratendarlehen)

Das Ratendarlehen ist ein i. d. R. langfristiger Kredit, der meist nach Freijahren in gleich hohen Tilgungsbeträgen während der Laufzeit zurückgezahlt wird. Beim Abzahlungsdarlehen bestehen die Kapitaldienste des Kreditnehmers aus abnehmenden Raten. Mit zunehmender Zeit sinkt der Zinsanteil, während der Tilgungsanteil konstant bleibt.

Für die Effektivzinsberechnung wird die mittlere Laufzeit t_m benötigt.

$$t_m = \frac{t + 1}{2}$$

t_m = mittlere Laufzeit
t = gesamte Laufzeit (Tilgungszeit)

Erfolgt die Tilgung eines Darlehens erst nach einigen tilgungsfreien Jahren, so sind die Freijahre wie folgt zu berücksichtigen:

$$t_m = t_f + \frac{(t - t_f) + 1}{2}$$

Um den effektiven Zinssatz zu errechnen, ist für n in der Grundformel die mittlere Laufzeit t_m unter Berücksichtigung der tilgungsfreien Laufzeit t_f anzusetzen bzw. die mittlere Laufzeit beim Restwertverteilungsfaktor (RVF) zu berücksichtigen.

$$i_{eff} = \frac{i_{nom} + \dfrac{R - A}{t_m}}{A} \times 100$$

Effektivverzinsung einer Anleihe

Bei der Anleiheeffektivverzinsung sind zu berücksichtigen:

- der Ausgabekurs bzw. der Kurswert,
- die Restlaufzeit,
- der Rückzahlungskurs,
- eventuell die Zinsabrechnungsperiode und
- die Begebungs- sowie die laufenden Kosten.

Effektivzinsberechnung mit **Faustformel** beim Erwerb einer **festverzinslichen** Anleihe:

$$i_{eff} = \left[\frac{i_{nom} + \dfrac{R - A}{n}}{A} + \frac{\dfrac{sE - sK}{n}}{A} \right] \times 100$$

Der Anleger (Erwerber) ermittelt die Effektivverzinsung näherungsweise nach folgender Faustformel:

$$i_{eff} = \frac{i_{nom} + \dfrac{R - A}{n}}{A} \times 100$$

i_{eff} = Effektivverzinsung in %
i_{nom} = Nominalverzinsung (dezimal)
A = Auszahlungsbetrag (dezimal)
R = Rückzahlungsbetrag (dezimal)

sE = sonstige Erträge (dezimal)

sK = sonstige Kosten (dezimal)

n   = Laufzeit in Jahren

Falls Teile der Anleihe während der Laufzeit zurückgezahlt werden, z. B. nach tilgungsfreien Jahren, so sind bei der Bestimmung der Kosten für das emittierende Unternehmen die einmaligen und vorschüssigen Nebenkosten (inkl. Disagio) nicht über die Gesamtlaufzeit n, sondern über eine fiktive mittlere Laufzeit t_m zu verteilen.

Lieferantenkredit

Der Lieferantenkredit ist in der Regel ein sehr teurer Kredit. Für das Unternehmen ist es meist günstiger, die Lieferantenrechnungen bar zu zahlen und Skonti in Anspruch und sich dafür einen Bankkredit zu nehmen. Die Faustformel lautet:

$$i_{appr} = \frac{S}{z - f} \times 360$$

i_{appr} = (approximativer) Jahresprozentsatz (%)

S   = Skontosatz (%)

z   = Zahlungsziel (Tage)

f   = Skontofrist (Tage)

z – f = Skontobezugszeitraum (Tage)

Kapitalflussrechnung

Gliederungsschema der Kapitalflussrechnung nach DRS II „Indirekte Methode"

1.		Jahresergebnis (einschließlich Ergebnisanteilen von Minderheitsgesellschaftern) vor außerordentlichen Posten
2.	+/−	Ab-/Zuschreibungen auf Gegenstände des Anlagevermögens
3.	+/−	Zu-/Abnahme der Rückstellungen
4.	+/−	Sonstige zahlungsunwirksame Aufwendungen/ Erträge (bspw. Abschreibung auf ein aktiviertes Disagio)
5.	−/+	Gewinn/Verlust aus dem Abgang von Gegenständen des Anlagevermögens
6.	−/+	Zu-/Abnahme der Vorräte, der Forderungen aus Lieferungen und Leistungen sowie anderer Aktiva, die nicht der Investitions- oder Finanzierungstätigkeit zuzuordnen sind
7.	+/−	Zu-/Abnahme der Verbindlichkeiten aus Lieferungen und Leistungen sowie anderer Passiva, die nicht der Investitions- oder Finanzierungstätigkeit zuzuordnen sind
8.	+/−	Ein- und Auszahlungen aus außerordentlichen Posten
9.	=	**Cashflow aus der laufenden Geschäftstätigkeit**
10.		Einzahlungen aus Abgängen von Gegenständen des Sachanlagevermögens
11.	−	Auszahlungen für Investitionen in das Sachanlagevermögen
12.	+	Einzahlungen aus Abgängen des immateriellen Anlagevermögens
13.	−	Auszahlungen für Investitionen in das immaterielle Anlagevermögen
14.	+	Einzahlungen aus Abgängen von Gegenständen des Finanzanlagevermögens
15.	−	Auszahlungen für Investitionen in das Finanzanlagevermögen
16.	+	Einzahlungen aus Erwerb und Verkauf von konsolidierten Unternehmen und sonstigen Geschäftseinheiten

17.	–	Auszahlungen aus Erwerb und Verkauf von konsolidierten Unternehmen und sonstigen Geschäftseinheiten
18.	+	Einzahlungen aufgrund von Finanzmittelanlagen im Rahmen der kurzfristigen Finanzdisposition
19.	–	Auszahlungen aufgrund von Finanzmittelanlagen im Rahmen der kurzfristigen Finanzdisposition
20.	**=**	**Cashflow aus der Investitionstätigkeit**
21.		Einzahlungen aus Eigenkapitalzuführungen
22.	–	Auszahlungen an Unternehmenseigner und Minderheitsgesellschafter (Dividenden, Erwerb eigener Anteile, Eigenkapitalrückzahlungen, andere Ausschüttungen)
23.	+	Einzahlungen aus der Begebung von Anleihen und der Aufnahme von (Finanz-)Krediten
24.	–	Auszahlungen aus der Tilgung von Anleihen und (Finanz-)Krediten
25.	**=**	**Cashflow aus der Finanzierungstätigkeit**
26.		Zahlungswirksame Veränderungen des Finanzmittelbestands (Summe aus Ziffer 9, 20, 25)
27.	+/–	Wechselkurs-, konsolidierungskreis- und bewertungsbedingte Änderungen des Finanzmittelbestands
28.	+	Finanzmittelbestand am Anfang der Periode
29.	=	Finanzmittelbestand am Ende der Periode

Die Kapitalflussrechnung dient zur finanzwirtschaftlichen Beurteilung eines Unternehmens. In ihr werden Informationen über die Zahlungsströme getrennt nach den Cashflows aus der laufenden Geschäftstätigkeit, aus der Investitionstätigkeit (einschl. Desinvestitionen) und aus der Finanzierungstätigkeit dargestellt.

Beteiligungsfinanzierung/Kapitalerhöhung

Eine ordentliche Kapitalerhöhung erfolgt durch die Ausgabe neuer („junger") Aktien. Die Altaktionäre besitzen dabei ein Bezugsrecht entsprechend ihrer Beteiligung. Der rechnerische Wert des Bezugsrechts wird durch folgende Faktoren beeinflusst:

- Bezugsverhältnis,
- Bezugskurs der jungen Aktien,
- Börsenkurs der alten Aktien.

$$\text{Bezugsverhältnis} = \frac{\text{Zahl Altaktien}}{\text{Zahl Jungaktien}} = \frac{\text{bisheriges Grundkapital}}{\text{Erhöhungskapital}}$$

$$\text{Wert des Bezugsrechts} = \frac{\text{Kurs Altaktie} - \text{Kurs Jungaktie}}{\text{Bezugsverhältnis} + 1}$$

Falls es bei den jungen Aktien eventuell einen Dividendennachteil (z. B. nicht für das ganze Geschäftsjahr dividendenberechtigt) gibt, ist folgende Formel anzuwenden:

Bezugsrecht

$$= \frac{\text{Kurs Altaktie} - \left(\text{Kurs Jungaktie} + \text{Dividendennachteil}\right)}{\text{Bezugsverhältnis} + 1}$$

Bezugsrecht = Kurs Altaktie – neuer Mittelkurs

Neuer Mittelkurs

$$= \frac{\text{bisheriges Aktienkapital} + \text{Kapitalerhöhung}}{\text{Anzahl Altaktien} + \text{Anzahl Jungaktien}}$$

Aktienbewertung

$$\text{Bilanzkurs} = \frac{\text{bilanziertes Eigenkapital}}{\text{Grundkapital}} \times 100$$

Der Bilanzkurs ist der rechnerische Wert einer Aktie. Exakter wird die Berechnung, wenn man noch die stillen Reserven zum Eigenkapital addiert.

$$\text{Ertragskurs} = \frac{\text{Ertragswert der Unternehmung}}{\text{Grundkapital}} \times 100$$

Der Ertragswert lässt sich durch Kapitalisierung des nachhaltig erwarteten Reinertrags ermitteln.

$$\text{Ertragswert} = \frac{\text{Reinertrag}}{\text{Kapitalisierungszinsfuß}} \times 100$$

Gewinn pro Aktie

Der Gewinn pro Aktie („Earnings per share") ist eine Ertragskennzahl, die zeigt, wie viel Gewinn ein Unternehmen pro Aktie erwirtschaftet.

$$\text{Gewinn pro Aktie} = \frac{\text{Jahresüberschuss}}{\text{Anzahl der Aktien}} \times 100$$

$$= \frac{\text{Jahresüberschuss}}{\text{gezeichnetes Kapital} \div \text{Nennwert einer Aktie}}$$

Dividendenrendite

Die zuletzt gezahlte Dividende wird ins Verhältnis zum aktuellen Aktienkurs gesetzt. Von der Dividende ist die Kapitalertragsteuer abzuziehen, die der Aktionär in der Regel zahlen muss. Sie zeigt die fiktive Verzinsung einer Aktie.

$$\text{Dividendenrendite} = \frac{\text{Nettodividende}}{\text{Kurs der Aktie}} \times 100$$

Kurs-Gewinn-Verhältnis (KGV)

Das KGV ist eine Kennziffer zur Aktienkursbeurteilung. Es zeigt, ob eine Aktie billig oder teuer ist. Je niedriger das KGV, desto günstiger erscheint die Aktie. Die Kennzahl eignet sich zum Vergleich von Unternehmen derselben Branche.

$$\text{KGV} = \frac{\text{Aktienkurs}}{\text{Gewinn pro Aktie}}$$

Investitionsrechnung

Mithilfe der Investitionsrechnung wird versucht, die Vorteil-
haftigkeit einzelner bzw. verschiedener möglicher Investiti-
onsobjekte zu ermitteln.

Statische Investitionsrechnung

Bei den statischen Investitionsrechenverfahren handelt es
sich um Einperiodenmodelle (Durchschnittsrechnung).

Kostenvergleichsrechnung

Kostenkomponenten:

- Betriebskosten (Personal, Material, Energie, Räumlichkei-
ten)
- variable Kosten k_{var}
- Fixkosten $k_{fix(Betrieb)}$
- Kapitalkosten
- kalkulatorische Zinsen (entgangene Zinsen)
- kalkulatorische Abschreibung (Kapitalverzehr)

$$\text{Rendite} = \frac{\text{Gewinn} \cdot \%}{\text{Investition}}$$

Kalkulatorische Abschreibung

$$\text{kalk. Abschreibung} = \frac{I_0 - RW_n}{n}$$

I_0 = Anschaffungskosten
RW_n = Liquidationserlös am Ende der Nutzungsdauer
n = Nutzungsdauer in Jahren
i = Kalkulationszinssatz

Der Kapitalverzehr während der gesamten Nutzungsdauer wird auf ein Jahr heruntergerechnet.

Kalkulatorische Zinsen $\frac{AW}{2} \cdot Zins$

$$\text{kalk. Zinsen} = \frac{I_0 + RW_n}{2} \times i \quad \text{oder} = \left[\frac{I_0 + RW_n}{2} + UV\right] \times i$$

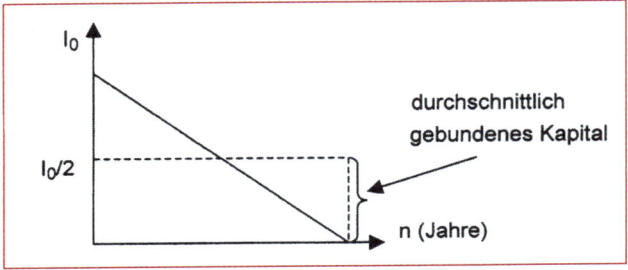

Abbildung: Kalkulatorische Zinsen

Kalkulatorische Zinsen werden auf das durchschnittlich gebundene Kapital berechnet.

Fixkosten = Fixkosten (Betrieb) + Kapitalkosten

$$\textbf{Fixkosten} = k_{fix(Betrieb)} + \frac{I_0 - RW_n}{n} + \frac{I_0 + RW_n}{2} \times i$$

Gesamtkosten: $K_{ges} = K_{fix} + k_{var} \times x$

x = Stück, Menge

Auswahlkriterium: Wähle das Objekt mit den geringsten Kosten.

- Auswahlentscheidung:
- mengenmäßig gleiche Leistung → Kostenvergleich pro Periode
- mengenmäßig ungleiche Leistung → Kostenvergleich pro Leistungseinheit
- Kritische Ausbringungsmenge:
  Voraussetzung: $K_A = K_B$

  Somit gilt: $K_{fixA} + k_{varA} \times x = K_{fixB} + k_{varB} \times x$

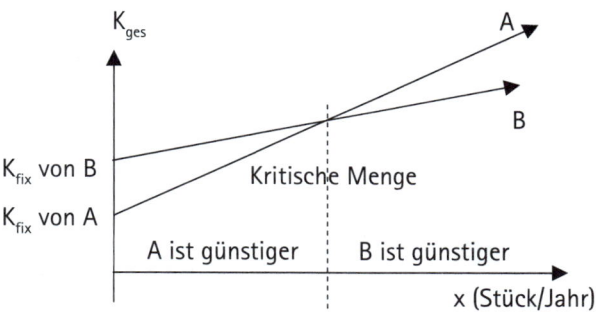

Abbildung: Kritische Ausbringungsmenge

$$x_{kr} = \frac{K_{fixB} - K_{fixA}}{k_{varA} - k_{varB}}$$

x_{kr} = kritische Auslastung
K_{fix} = fixe Gesamtkosten
k_{var} = variable Stückkosten

Ersatzinvestitionsentscheidung

Bei einem Vergleich zwischen der alten Anlage und einer neuen Anlage sind als Kapitalkosten zu berücksichtigen:

- Bei der alten Anlage:
- Verringerung des Liquidationserlöses während der Vergleichsperiode
- Kalkulatorische Zinsen auf das während der Vergleichsperiode durchschnittlich gebundene Kapital

$$I = \frac{L_0 - L_v}{v}$$

I = durchschnittliche Verringerung des Liquidationserlöses
L_0 = Liquidationserlös alte Anlage am Planungszeitraumanfang
L_v = Liquidationserlös alte Anlage am Planungszeitraumende
v = Umfang der Vergleichsperiode

kalkulatorische Zinsen Z $= \frac{L_0 + L_v}{2} \times i \quad \frac{AV}{2} \cdot Zins$

- Bei der neuen Anlage:
- kalkulatorische Abschreibung
- kalkulatorische Zinsen

Kostenkriterium bei Ersatzproblem: $K_{neu} < K_{alt}$

Gewinnvergleichsrechnung

Bei der Gewinnvergleichsrechnung werden im Gegensatz zur Kostenvergleichsrechnung die erzielbaren Erlöse mit einbezogen.

Gewinn = Erlöse - Kosten

Eine Investition ist vorteilhaft, wenn der Gewinn > 0 ist. Wähle das Objekt mit dem höchsten Gewinn.

Break-even-Analyse – Kritische Auslastung

Der Break-even-Point (Gewinnschwelle) ist der Auslastungsgrad, bei dem eine Anlage in die Gewinnzone kommt.

$$\text{Kritische Auslastung } x_{kr} = \frac{K_{fixB} - K_{fixA}}{(k_{varA} - k_{varB}) - (P_A - P_B)}$$

P = Preis (€/Stück)

$$\text{Break-even-Point} = \frac{\text{gesamte Fixkosten} (K_{fix})}{\text{Stückdeckungsbeitrag} (db)}$$

Stückdeckungsbeitrag (Deckungsspanne)
= (Erlöse/Stück) – (variable Kosten/Stück)

Rentabilitätsrechnung

Bei der Rentabilitätsrechnung werden die Gewinne ins Verhältnis zum eingesetzten Kapital gesetzt.

$$\text{Rentabilität} = \frac{\text{durchschnittlicher Gewinn vor Zinsen}}{\text{durchschnittlicher Kapitaleinsatz}} = \frac{AW}{2} \cdot 100$$

Ermittlung des durchschnittlichen Kapitaleinsatzes (D):

— Nicht abnutzbare Anlagegüter: → Anschaffungskosten
— Abnutzbare Anlagegüter:

$$D = \frac{\text{Anschaffungskosten} + \text{Liquidationserlös}}{2}$$

Die Rentabilitätsrechnung gibt die durchschnittliche jährliche Verzinsung des investierten Kapitals an.

Auswahlkriterium:

— Wähle das Objekt mit der größten durchschnittlichen Rentabilität.
— Verzichte auf Objekte, deren Rendite geringer ist als die geforderte Mindestverzinsung.

Ersatzinvestitionsentscheidung

Beim Ersatzproblem geht es um die Frage der zusätzlichen Kostenersparnis.

$$\text{Rentabilität} = \frac{\text{Minderkosten (EUR/Jahr)}}{\varnothing \text{ Kapitaleinsatz}_{neu}} = \frac{K_{alt} - K_{neu}}{DK_{neu}}$$

Amortisationsrechnung

Die Amortisationsdauer t wird als Zeit in Jahren berechnet, nach der sich die Investition bezahlt macht.

Je geringer die Amortisationsdauer t, desto vorteilhafter das Objekt.

Durchschnittsrechnung:

$$t = \frac{\text{ursprünglicher Kapitaleinsatz} \quad AW}{\varnothing \text{Rückflüsse (Gewinn} + \text{kalk. Abschreibungen)}}$$

AFA

Kumulationsrechnung:

Die tatsächlichen Zahlungsströme so lange aufaddieren, bis der Kapitaleinsatz übertroffen wird.

$$t = n + \frac{I_0 - \sum ZS_i}{ZS}$$

n = Anzahl der Jahre bis ein Jahr vor Amortisationsdauer

I_0 = Investitionsauszahlung

ZS_i = Summe der Zahlungssalden
    bis ein Jahr vor Amortisationszeitpunkt

ZS = Zahlungssaldo im Amortisationsjahr

Beispiel:

Zeitpunkt	t_0	t_1	t_2	t_3	t_4
Zahlungssalden	-20	+6	+10	+7	+5

Amortisation zwischen t_2 u. t_3: 6 + 10 + 7 = 23

Genau: 2 Jahre $+ \dfrac{20 - (6 + 10)}{7} = 2 + \dfrac{4}{7} = 2{,}57$ Jahre

Auswahlkriterium:

— Wähle das Objekt mit der kürzesten Amortisationsdauer.

Ersatzinvestitionsentscheidung

$$t = \frac{\text{zusätzlicher Kapitaleinsatz } (I_0 - RW_n)}{\text{ersparte Kosten + zusätzliche Abschreibungen}}$$

Dynamische Investitionsrechnung

Bei den dynamischen Investitionsrechenverfahren handelt es sich um Mehrperiodenmodelle. Hier werden unterschiedliche Zahlungszeitpunkte und Zinseszinsen berücksichtigt.

Finanzmathematische Grundlagen

Barwert: Der Bar- oder Gegenwartswert einer Ein- oder Auszahlung ist der auf den Beginn des Planungszeitraums abgezinste Wert der Zahlung.

Endwert: Der End- oder Zukunftswert ist der auf das Ende des Planungszeitraums aufgezinste Wert der Zahlung.

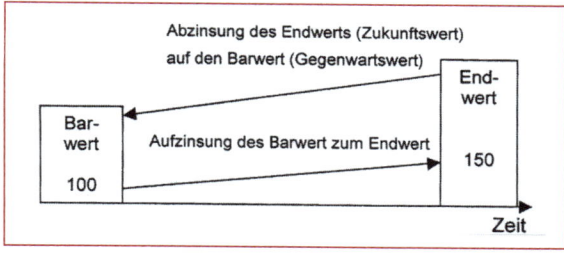

Abbildung: Barwert/Endwert

K_0 = Barwert
K_n = Endwert

Einmalzahlung

Aufzinsungsfaktor (AuF) $= q^n = (1 + i)^n$

i = Zinssatz
$q = 1 + i$

Der Aufzinsungsfaktor (AuF) wandelt eine „Einmalzahlung jetzt" in eine „Einmalzahlung nach n Perioden" um.

Abzinsungsfaktor (AbF) $= \dfrac{1}{q^n} = \dfrac{1}{(1 + i)^n}$

Der Abzinsungsfaktor (AbF) wandelt eine „Einmalzahlung nach n Perioden" in eine „Einmalzahlung jetzt" um.

Barwert bei einer einmaligen Zahlung

$$K_0 = K_n \times \frac{1}{q^n} = K_n \times \frac{1}{(1 + i)^n}$$

Zahlungen in Form einer Zahlungsreihe

Rentenbarwertfaktor (Diskontierungssummenfaktor)

$$\text{Rentenbarwertfaktor (RBW)} = \frac{q^n - 1}{q^n \times i}$$

Rentenbarwertfaktor (nach- und vorschüssig)

$$\text{RBW}_{\text{nachschüssig}} = \frac{q^n - 1}{q^n \times i}$$

$$\text{RBW}_{\text{vorschüssig}} = q \times \frac{q^n - 1}{q^n \times i}$$

Der Rentenbarwertfaktor (RBW) wandelt eine Zahlungsreihe in eine „Einmalzahlung jetzt" um.

Annuitätenfaktor (Wiedergewinnungsfaktor)

$$\text{Annuitätenfaktor (ANF)} = \frac{q^n \times i}{q^n - 1}$$

Mithilfe des Annuitätenfaktors (ANF) ist es möglich, einen heute zur Verfügung stehenden Betrag in jährlich gleich hohe Zahlungsbeträge (Annuitäten) umzuwandeln.

Endwertfaktor

Endwertfaktor (EWF) = $\dfrac{q^n - 1}{i}$

Endwert: $K_n = R \times EWF$

R = Rückflüsse, Annuität, Zahlung

Der Endwertfaktor (EWF) wandelt eine Zahlungsreihe in eine „Einmalzahlung nach n Perioden" um.

Restwertverteilungsfaktor

Restwertverteilungsfaktor (RVF) = $\dfrac{i}{q^n - 1}$

Der Restwertverteilungsfaktor (RVF) wandelt eine „Einmalzahlung nach n Perioden" in eine Zahlungsreihe um.

Kapitalwertmethode

Kapitalwert bei variierenden Rückflüssen

$$C_0 = -I_0 + \frac{R_1}{q} + \frac{R_2}{q^2} + ... + \frac{R_n}{q^n} \pm \frac{L_n}{q^n} \quad \text{bzw.}$$

$$C_0 = -I_0 + \sum_{t=1}^{n} \frac{R_t}{q^t} \pm \frac{L_n}{q^n}$$

C_0 = Kapitalwert

R_t = Rückflüsse zum Zeitpunkt t (Einzahlungen minus Auszahlungen des Jahres t)

L_n = Liquidationserlöse bzw. -aufwand im n-ten Jahr

q = 1 + i, wobei i = Zinssatz (%)
t = einzelne Perioden von 0 bis n
n = Nutzungsdauer des Investitionsobjekts (Jahre)
I_0 = Anschaffungskosten

Auswahlkriterium:

— Investition ist vorteilhaft, wenn der Kapitalwert $C_0 \geq 0$ ist.
— Bei mehreren Alternativen wähle diejenige, mit dem höchsten Kapitalwert.

Kapitalwert bei konstanten Rückflüssen

$$C_0 = -I_0 + R \times \frac{q^n - 1}{q^n \times i} \pm \frac{L}{q^n}$$

L = Liquidationserlös bzw. Liquidationsaufwand
R = konstante Rückflüsse

Ersatzproblem

Frage: Soll die Ersatzinvestition sofort oder in der nächsten Periode durchgeführt werden?

Sofortige Ersatzinvestition im Zeitpunkt t_0:

$$C_0^{\,t_0} = L_{alt} + C_{0neu} \times \frac{q^n}{q^n - 1}$$

Ersatzinvestition in der nächsten Periode, d. h. im Zeitpunkt t_1:

$$C_0^{t_1} = (R_{alt} + L_{alt} + C_{0neu}^{t_1} \times \frac{q^n}{q^n - 1}) \times \frac{1}{q}$$

$C_0^{t_0/t_1}$ = Kapitalwert zum Zeitpunkt t_0 bzw. t_1

L_{alt} = Liquidationserlös des alten Investitionsobjekts

R_{alt} = Überschuss (Rückfluss) des alten Investitionsobjekts zwischen t_0 und t_1

Bei unterschiedlich hohen Rückflüssen

$$C_0^{t_0} = L_{alt} + \left(\frac{R_1}{q} + \frac{R_2}{q^2} + ... + \frac{R_n}{q^n} + L_{neu} \times \frac{1}{q^n} - I_0 \right) \times \frac{q^n}{q^n - 1}$$

$$C_0^{t_1} = \left[R_{alt} + L_{alt} + \left(\begin{array}{c} \frac{R_1}{q} + \frac{R_2}{q^2} + ... + \frac{R_n}{q^n} \\ + L_{neu} \times \frac{1}{q^n} - I_0 \end{array} \right) \times \frac{q^n}{q^n - 1} \right] \times \frac{1}{q}$$

Bei konstanten Rückflüssen

$$C_0^{t_0} = L_{alt} + \left(R_{neu} \times \frac{q^n - 1}{q^n \times i} + L_{neu} \times \frac{1}{q^n} - I_0 \right) \times \frac{q^n}{q^n - 1}$$

$$C_0^{t_1} = \left[R_{alt} + L_{alt} + \left(\begin{array}{c} R_{neu} \times \frac{q^n - 1}{q^n \times i} \\ + L_{neu} \times \frac{1}{q^n} - I_0 \end{array} \right) \times \frac{q^n}{q^n - 1} \right] \times \frac{1}{q}$$

Interne Zinsfußmethode

Mit der internen Zinsfußmethode wird der kritische Zinssatz (interner Zinsfuß) errechnet, bei dem der Kapitalwert einer Investition null entspricht. Somit wird die Formel zur Ermittlung des Kapitalwerts gleich null gesetzt; $C_0 = 0$ ergibt:

$$0 = -I_0 + \frac{R_1}{q} + \frac{R_2}{q^2} + \dots + \frac{R_n}{q^n} + \frac{L_n}{q^n}$$

Der interne Zinsfuß (r) kann durch lineare Interpolation bestimmt werden.

$$r = i_1^+ + C_{01}^+ \times \frac{i_2^- - i_1^+}{C_{01}^+ - C_{02}^-}$$

r   = interner Zinsfuß

i_1^+ = Versuchszinssatz 1

i_2^- = Versuchszinssatz 2

C_{01}^+ = Kapitalwert (positiv) bei i_1

C_{02}^- = Kapitalwert (negativ) bei i_2

Vorgehensweise:

1 Wähle niedrigen Versuchszinssatz, der voraussichtlich einen positiven Kapitalwert ergibt.

2 Wähle hohen Versuchszinssatz, der voraussichtlich einen negativen Kapitalwert ergibt.

3 Die tatsächliche Rendite liegt zwischen beiden Zinssätzen.

Vereinfachte interne Zinsfußmethode

Bei zeitlich begrenzter Nutzung ($n < \infty$) des Investitionsobjekts und gleich bleibenden jährlichen Rückflüssen (R = konstant) lässt sich der interne Zinsfuß auf vereinfachte Weise ermitteln. Ohne Liquidationserlös gilt folgende Gleichung:

$$C_0 = 0 = R \times \frac{q^n - 1}{q^n \times i} - I_0$$

R = Rückfluss (Einzahlungen – Auszahlungen)
I_0 = Anschaffungswert

Nach dem Rentenbarwertfaktor (RBW) aufgelöst ergibt sich:

$$\frac{q^n - 1}{q^n \times i} = \frac{I_0}{R}$$

Der entsprechende Wert des Rentenbarwertfaktors ist aus einer finanzmathematischen Tabelle zu entnehmen. Somit erhält man den internen Zinsfuß.

Bei zeitlich unbegrenzter Nutzung ($n = \infty$) des Investitionsobjekts und gleich bleibenden jährlichen Rückflüssen (R = konstant) kann der interne Zinsfuß wie folgt ermittelt werden:

$$r = \frac{R}{I_0}$$

Zweizahlungsfall

Der Anschaffungsausgabe I_0 steht nur eine einzige Einzahlung gegenüber.

$$r = \sqrt[n]{\frac{R}{I_0}} - 1$$

Auswahlkriterium:

− Investition ist vorteilhaft, wenn $r \geq i$.
− Wähle Objekt mit größtem internen Zinsfuß (r).

Annuitätenmethode

Sie ist eine Fortführung der Kapitalwertmethode, d. h. sie überträgt den Kapitalwert in einen Periodenerfolg.

$$\text{Annuität} = z = C_0 \times \frac{q^n \times i}{q^n - 1}$$

Jährlich gleiche Rückflüsse, zeitlich begrenzte Nutzung

$$z = R - \left(I_0 - \frac{L}{q^n}\right) \times \frac{q^n \times i}{q^n - 1}$$

Jährlich gleiche Rückflüsse, Nutzung unbegrenzt

$$z = R - I_0 \times i$$

R = Rückfluss (Einzahlungen − Auszahlungen)
I_0 = Anschaffungswert
L = Liquidationserlös

Auswahlkriterium:

− Investitionsobjekt ist vorteilhaft, wenn Annuität $z \geq 0$ ist.
− Wähle Investitionsobjekt mit größter positiver Annuität.

Dynamische Amortisationsrechnung

Hier werden die jährlichen Rückflüsse (Einzahlungen minus Auszahlungen) abgezinst und so lange aufaddiert, bis die Summe den Kapitaleinsatz (Anschaffungskosten I_0) erreicht hat.

$$I_0 = \sum_{t=1}^{m} R_t \times \frac{1}{q^t}$$

m = Jahr in dem die Amortisation erfolgt

Auswahlkriterium:

- Investition ist vorteilhaft, wenn die vorgegebene Amortisationsdauer unterschritten wird.

- Wähle Investition mit der kürzesten Amortisationsdauer.

Nutzwertanalyse

Die Nutzwertanalyse berücksichtigt die qualitativen Kriterien eines Investitionsvorhabens.

Schritte	Maßnahmenbeschreibung
1 Festlegung und Strukturierung der Zielkriterien	Auswahl der für die Beurteilung zugrunde gelegten Kriterien. Die Zielkriterien werden aus dem Zielsystem abgeleitet, das dem Problem zugrunde liegt.
2 Zielkriterien-gewichtung	Mit den entsprechenden Gewichtungs-faktoren werden die Zielkriterien gewichtet. Die Gewichtung zeigt die Bedeutung der einzelnen Kriterien an.

Schritte	Maßnahmenbeschreibung
3 Teilnutzen-bestimmung	Für jede Alternative wird überprüft, in welchem Maße sie die Kriterien erfüllt.
4 Nutzwertermittlung	Für jede Alternative wird der Nutzwert ermittelt, dazu erfolgt die Zusammenfassung der ermittelten Teilnutzenwerte.
5 Beurteilung der Vorteilhaftigkeit	Es wird die Alternative mit dem höchsten Nutzwert ausgewählt.

Nutzwertermittlung:

$$N_i = \sum_{j=1}^{n} n_{ij} \times g_j \ (i = 1, ..., m)$$

N_i = Nutzwert einer Alternative i

n_{ij} = Teilnutzenwerte der Alternativen i bzgl. der Kriterien j

g_j = Kriteriengewichte

Personal

Die Bestimmung des Personalbedarfs als Scharnier zwischen Personal- und Unternehmensplanung erfolgt aufgrund von Informationen aus anderen Funktionsbereichen wie des Marketings und der Produktion.

Personalbedarfsermittlung

Ermittlung des Personalbedarfs

Einsatzbedarf (zur unmittelbaren Aufgabenerfüllung für bestehende Kapazitäten erforderliche Mitarbeiter mithilfe von Aufgabenanalyse und Stellenplan)

+ Neubedarf (Mitarbeiter, die zur unmittelbaren Aufgabenerfüllung für zusätzliche Kapazitäten erforderlich sind, mithilfe von Geschäftsfeldplan, Aufgabenanalyse, Stellenplan)

+ Reservebedarf (zur Überbrückung unvermeidbarer Ausfälle der benötigten Mitarbeiter z. B. bei Krankheit od. Urlaub mithilfe v. Krankenstatistiken und Urlaubsplan)

+ Ersatzbedarf (zum Ersatz von Abgängen erforderliches Personal, z. B. wegen Pensionierung, Kündigung, Versetzung, mithilfe von Statistiken über Ersatzbedarf, Laufbahnplanung)

- Freistellungsbedarf (zur Anpassung an geringere Beschäftigung zu verminderndes Personal mithilfe von Geschäftsfeldplan, Aufgabenanalyse, Stellenplan)

= **Bruttopersonalbedarf im Zeitpunkt t_n (= Soll-Personalbestand in t_n)**

- Personalbestand im Zeitpunkt t_0

+ Personalabgänge im Zeitraum t_0 bis t_n

  feststehende Abgänge (Pensionierungen, Kündigungen)

  statistisch zu erwartende Abgänge (Invalidität, Todesfälle, Fluktuation)

  Auswirkungen getroffener Entscheidungen (Versetzungen, Beförderungen)

  Personalzugänge (feststehende) im Zeitraum t_0 bis t_n

= **Nettopersonalbedarf (zusätzlich (zum vorhandenen Personalbestand) notwendige Mitarbeiter unter Berücksichtigung der Fluktuation)**

$$\text{Personalbedarf} = \frac{\text{Arbeitsmenge}}{\text{Leistungsfähigkeit/Mitarbeiter}}$$

$$\text{Personalbedarf} = \frac{\text{Arbeitsmenge} \times \text{Zeitbedarf pro Arbeitsvorgang}}{\text{übliche Arbeitszeit pro Arbeitskraft}}$$

Lohnformen

Zeitlohn

In der Praxis erscheint der Zeitlohn vor allem als Stunden-, Wochen- oder Monatslohn. Beim Zeitlohn verläuft der Verdienst des Mitarbeiters proportional zur Arbeitszeit, d. h. der Lohnsatz pro Zeiteinheit ist konstant.

Zeitlohn = Lohn pro Zeiteinheit (€/h) × Anzahl der Zeiteinheiten (h)

Akkordlohn

Der Akkordlohn (Zeit- oder Geldakkord) ist eine Vergütungsform, bei der sich die Höhe der Vergütung nach der Arbeitsleistung richtet.

Voraussetzungen für die Anwendung des Akkordlohns:

1 Die Arbeit muss sich regelmäßig wiederholen,
2 der Mitarbeiter muss die Leistung je Zeiteinheit beeinflussen können.

Zeitakkord

Zeitakkord = Leistungsmenge x Vorgabezeit x Minutenfaktor

Minutenfaktor = Akkordrichtsatz ÷ 60 min

Akkordrichtsatz = tariflicher Mindestlohn + Akkordzuschlag

Geldakkord (Stückakkord)

Geldakkord = Stück/h × Geldfaktor

Geldfaktor = Akkordrichtsatz ÷ Stückzahl (vorgegeben) oder

$$\text{Geldfaktor (Akkordsatz)} = \frac{\text{Akkordrichtsatz (€/h)}}{\text{Normalleistung (Stück/h)}}$$

Prämienlohn

Von Prämienlohn spricht man, wenn zum Grundlohn regelmäßig ein zusätzliches Entgelt in Form einer Prämie gewährt wird. Dabei kann man zwischen Einzel- und Gruppenprämien unterscheiden.

Prämienlohn = Grundlohn + Prämie

Mögliche Prämienarten:

1 Mengenleistungsprämien
2 Qualitätsprämien
3 Ersparnisprämien
4 Nutzungsgradprämien
5 Terminprämien

Kennzahlen Personalcontrolling

$$\text{Cashflow pro Mitarbeiter} = \frac{\text{Cashflow}}{\text{durchschnittlich Beschäftigte}}$$

$$\text{Fehlzeitenquote} = \frac{\text{Fehlzeiten (Tage/Stunden)}}{\text{Sollarbeitszeit (Tage/Stunden)}} \times 100$$

Die Fehlzeitquote zeigt, mit welcher Abwesenheit geplant werden muss.

$$\text{Fluktuationsquote} = \frac{\text{Anzahl der Austritte im Jahr}}{\text{durchschnittlich Beschäftigte}} \times 100$$

Die Personalfluktuationen sorgen für eine große Unsicherheit bei der Bestimmung des Nettopersonalbedarfs. Ein wichtiges personalpolitisches Ziel ist, die Fluktuationsrate möglichst niedrig zu halten.

$$\text{Pro-Kopf-Umsatz} = \frac{\text{Umsatz}}{\text{durchschnittlich Beschäftigte}}$$

$$\text{Krankheitsquote} = \frac{\text{Krankheitstage in einer Periode}}{\text{Sollarbeitstage einer Periode}}$$

$$\text{Personalkosten je Mitarbeiter} = \frac{\text{Personalkosten einer Periode}}{\text{durchschnittlich Beschäftigte}}$$

Personalmanagementkosten je Mitarbeiter
$$= \frac{\text{Gesamtpersonalmanagementkosten}}{\text{Anzahl der Mitarbeiter}}$$

$$\text{Personalaufwandsquote} = \frac{\text{Personalaufwand}}{\text{Leistung (Umsatz)}}$$

$$\text{Personalintensität} = \frac{\text{Personalaufwand}}{\text{gesamte Aufwendungen}} \times 100$$

Die Personalintensität zeigt das Verhältnis der Personalaufwendungen zu den gesamten Aufwendungen.

$$\text{Überstundenquote} = \frac{\text{Überstunden}}{\text{Normalstunden}} \times 100$$

Kennzahlen für Personalbeschaffung und -auswahl

Ausbildungsplatzattraktivität $= \dfrac{\text{Anzahl Bewerber}}{\text{Anzahl Ausbildungsplätze}}$

Beschaffungs - /Auswahlkosten $= \dfrac{\text{Personal-Akquisitionskosten}}{\text{Anzahl der Eintritte}}$

Effizienz der Personalbeschaffung

$= \dfrac{\text{Bewerbungen (Vorstellungen/Einstellungen)}}{\text{Beschaffungsmaßname}}$

Einstellungsquote $= \dfrac{\text{abgeschlossene Arbeitsverträge}}{\text{Anzahl der Bewerbungen}} \times 100$

Frühfluktuationsrate

$= \dfrac{\text{aufgelöste Arbeitsverträge in der Probezeit}}{\text{Anzahl der Einstellungen}}$

Grad der Personaldeckung

$= \dfrac{\text{tatsächliche Einstellungen}}{\text{Anzahl benötigter Mitarbeiter}} \times 100$

Interne Stellenbesetzung

$= \dfrac{\text{Stellenbesetzung aus dem eigenen Haus}}{\text{Gesamtzahl der Stellenbesetzungen}}$

Produktivität der Personalbeschaffung

$= \dfrac{\text{Bewerbungen (Vorstellungen/Einstellungen)}}{\text{Beschaffungsmitarbeiter}}$

Vorstellungsquote $= \dfrac{\text{Vorstellungsgespräche}}{\text{Anzahl der Bewerbungen}} \times 100$

Glossar

Annuität
Der durchschnittliche jährliche Gewinn einer Investition.

Barwert
Gegenwartswert einer zukünftigen Zahlung.

Bezugsrecht
Das Bezugsrecht ist das gesetzlich verbriefte Recht des Aktionärs auf den Bezug neuer Aktien, das bei einer ordentlichen Kapitalerhöhung von Bedeutung ist.

Break-even-Menge
Die kritische Menge am Übergang von der Verlust- in die Gewinnzone, bei der das Ergebnis gerade null ist. Der Break-even-Point ist erreicht, wenn die Fixkosten durch die aus den verkauften Produkten erzielten Deckungsbeiträge gedeckt werden.

Cashflow
Bringt zum Ausdruck, inwieweit ein Unternehmen von der finanziellen Seite her in der Lage ist, aus eigener Kraft die finanziellen Mittel zur Erfüllung der existenziell wichtigen Aufgaben bereitzustellen.

Debitorenlaufzeit
Gibt Aufschlüsse über das Zahlungsverhalten der Kunden, d. h. darüber, wie lange es dauert, bis die Umsatzerlöse wieder in liquide Mittel umgewandelt werden. Hier wird ein möglichst geringer Wert angestrebt.

Deckungsbeitrag
Der Betrag, den ein Produkt zur Deckung der Fixkosten und zur Erzielung des Nettogewinns leistet. Er wird aus der Diffe-

renz zwischen den Verkaufserlösen und den variablen (direkt mengenabhängigen) Kosten ermittelt.

EBIT (Earnings before Interest and Taxes)
Ergebnis vor Zinsen und Steuern. Entspricht dem operativen Geschäftsergebnis.

EBITDA (Earnings before Interest, Taxes, Depreciation and Amortization)
Ergebnis vor Zinsen, Steuern und Abschreibungen von Sachanlagen, Geschäfts- und Firmenwerten. Entspricht annähernd dem betrieblichen Cashflow eines Unternehmens.

Effektivzins
Bezeichnung für den Zinssatz, der die effektiven (= tatsächlichen) jährlichen Kosten eines Kredits für den Kreditnehmer ausdrückt.

Eigenkapitalquote
Gibt den Anteil des Eigenkapitals am Gesamtkapital an.

Fixkosten
Kosten, die unabhängig von der Ausbringungsmenge immer in gleicher Höhe anfallen. Sie werden auch als beschäftigungsfixe oder zeitabhängige Kosten bezeichnet und sind stets Gemeinkosten.

Gemeinkosten
Kosten, die den Kostenträgern nicht unmittelbar zugeordnet werden können. Im Rahmen der Vollkostenrechnung werden die Gemeinkosten unter Verwendung von Schlüsselgrößen auf die Produkte verteilt.

Herstellkosten
Kosten, die in der betrieblichen Kostenrechnung bei der Erzeugung von Produkten angefallen sind.

Herstellungskosten
Dienen in der Handels- und Steuerbilanz als Bewertungs-
maßstab für die unfertigen und fertigen Erzeugnisse sowie
für die aktivierten Eigenleistungen.

Interner Zinsfuß
Zins, bei dem der Kapitalwert der diskontierten Ein- und
Auszahlungen null ist. Der interne Zins drückt die Rendite
(effektive Verzinsung) eines Investitionsprojekts aus.

Kapitalwert
Instrument der dynamischen Investitionsrechnung, bei dem
alle durch die Investition verursachten Zahlungen auf den
Zeitpunkt t = 0 abgezinst und aufsummiert werden. Eine
Investition ist dann vorteilhaft, wenn ihr Kapitalwert größer
oder mindestens gleich null ist.

Kreditorenlaufzeit
Gibt an, nach wie vielen Tagen Lieferanten durchschnittlich
vom Unternehmen bezahlt werden. Eine Erhöhung des Liefe-
rantenziels deutet auf eine Verschlechterung der finanziellen
Situation im Unternehmen hin.

Lagerdauer
Sagt aus, wie lange die Vorräte und das dafür benötigte
Kapital durchschnittlich gebunden sind. Eine Reduzierung der
Lagerdauer führt zu einer niedrigeren Kapitalbindung und zu
einer Steigerung der Wirtschaftlichkeit.

Leverage-Effekt
Beschreibt die Beziehung zwischen Eigen- und Gesamtkapitalrentabilität. Die Eigenkapitalrentabilität kann erhöht werden, wenn der Verschuldungsgrad erhöht wird und der
Fremdkapitalzinssatz niedriger als die Gesamtkapitalrentabilität ist.

Liquidität
Die Fähigkeit eines Unternehmens, seinen Zahlungs-
verpflichtungen zu jedem Zeitpunkt nachzukommen.

Liquiditätsgrade
Die Liquidität 1., 2. und 3. Grades sagt aus, bis zu welchem
Grad ein Unternehmen mit seinen liquiden Mitteln und For-
derungen seine kurzfristigen Schulden bezahlen kann.

Rentabilität
Kennzahl, die die Ertragsfähigkeit eines Unternehmens aus-
drückt. Dabei wird der Gewinn zum eingesetzten Kapital ins
Verhältnis gesetzt.

Return on Investment (ROI)
Mit dem Return on Investment wird die Rendite des investierten Kapitals bestimmt.

Verschuldungsgrad
Verhältnis zwischen Fremd- und Eigenkapital.

Working Capital
Wird als absoluter Wert ausgedrückt. Vom gesamten Umlaufvermögen werden die kurzfristigen Verbindlichkeiten ab-
gezogen. Je höher das Working Capital, desto sicherer die zu-
künftige Liquiditätslage.

Literaturverzeichnis

Adam, D.: Produktionsmanagement, 9. Aufl., Wiesbaden 2001.

Birker, K.: Einführung in die Betriebswirtschaftslehre, Berlin 2006.

Blohm, H./Lüder, K.: Investition, 9. Aufl., München 2006.

Bodenstein, G.: Kundenbindung, Landsberg/Lech 2006.

Bruhn, M.: Marketing, Lehrbuch, 1. Aufl., Wiesbaden 2008.

Corsten, H.: u. a. Lexikon der Betriebswirtschaftslehre, 6. Aufl., München/Wien 2008.

Gräfer, H.: Bilanzanalyse, 10. Aufl., Herne/Berlin 2009.

Haberstock, L.: Kostenrechnung 1+2, 13.+10. Aufl., Berlin 2008.

Härdler, J.: Betriebswirtschaftslehre für Ingenieure, 3. Aufl., München/Wien 2006.

Jung, H.: Allgemeine Betriebswirtschaftslehre, 11. Aufl., München 2008.

Kruschwitz, L.: Investitionsrechnung, 12. Aufl., München/Wien 2007.

Lisges G./Schübbe F.: Personalcontrolling, 2. Aufl., Freiburg 2008.

Meffert, H.: Marketing, 10. Aufl., Wiesbaden 2007.

Olfert, K.: Personalwirtschaft, 13. Aufl., Ludwigshafen 2008.

Perridon, L./Steiner, M.: Finanzwirtschaft der Unternehmung, 14. Aufl., München 2007.

Schierenbeck, H. u. Wöhle, C.: Grundzüge der Betriebswirtschaftslehre, 17. Aufl., München 2008.

Schmidt, A.: Kostenrechnung, 5. Aufl., Stuttgart/Berlin/Köln 2008.

Thommen, J.-P./Achleitner, A.-K.: Allgemeine Betriebswirtschaftslehre, 5. Aufl., Wiesbaden 2007.

Thomsen, I.: Schnelleinstieg Einnahme-Überschussrechnung, 5. Aufl., Freiburg 2009

Vollmuth, H./ Zwettler, R.: Kennzahlen, 1. Aufl., Freiburg 2008.

Weber, M.: Schnelleinstieg Kennzahlen, 1. Aufl., Freiburg/Berlin/München 2006.

Wöhe, G.: u. a. Einführung in die Allgemeine Betriebswirtschaftslehre, 23. Aufl., München 2008.

Wöltje, J.: Investitions- und Finanzmanagement, Köln/Wien 2002.

Wöltje, J.: Betriebswirtschaftliche Formelsammlung, 4. Aufl., Planegg 2009.

Wöltje, J.: Kostenrechnung Trainer, 2. Aufl., Planegg 2009.

Wöltje, J.: Schnelleinstieg Rechnungswesen, Planegg 2008.

Wöltje, J.: Buchführung und Jahresabschluss, 2. Aufl., Rinteln 2010.

Wöltje, J.: ABC des Finanz- und Rechnungswesens, Freiburg 2010

Stichwortverzeichnis

Bibliografische Information der Deutschen Nationalbibliothek
Die Deutsche Nationalbibliothek verzeichnet diese Publikation in der Deutschen National-
bibliografie; detaillierte bibliografische Daten sind im Internet über http://dnb.d-nb.de
abrufbar.

ISBN 978-3-648-00848-5
Bestell-Nr. 00752-0005

5., aktualisierte Auflage 2010

© 2010, Haufe-Lexware GmbH & Co. KG, Munzinger Straße 9, 79111 Freiburg
Redaktionsanschrift: Fraunhoferstraße 5, 82152 Planegg
Fon (0 89) 8 95 17-0, Fax (0 89) 8 95 17-2 90
E-Mail: online@haufe.de
Internet: www.haufe.de
Lektorat: Sylvia Rein
Redaktion: Jürgen Fischer
Redaktionsassistenz: Christine Rüber

Umschlaggestaltung: Kienle gestaltet, Stuttgart
Umschlagentwurf: Agentur Buttgereit & Heidenreich, 45721 Haltern am See
Druck: freiburger graphische betriebe, 79108 Freiburg

Zur Herstellung der Bücher wird nur alterungsbeständiges Papier verwende

Der Autor

Prof. Dr. Jörg Wöltje

Diplom-Wirtschaftsingenieur, Jahrgang 1962, mehrjährige Industrietätigkeit im Finanz- und Rechnungswesen, Controlling sowie als kaufmännischer Leiter. Seit 1998 Professor für Betriebswirtschaftslehre, Rechnungswesen, Finanzmanagement, Internationale Rechnungslegung sowie Unternehmensanalyse an der Hochschule Karlsruhe – Technik und Wirtschaft. Daneben führt er Veranstaltungen bei privaten Bildungsträgern, z. B. der Verwaltungs- und Wirtschafts-Akademie sowie dem BankCOLLEG, durch.

Weitere Literatur

„Kostenrechnung Trainer", von Prof. Dr. Jörg Wöltje, 128 Seiten mit CD-ROM, € 9,90.
ISBN 978-3-448-09411-4, Bestell-Nr. 00931

„Schnelleinstieg Rechnungswesen" von Prof. Dr. Jörg Wöltje, 300 Seiten mit CD-ROM, € 29,80.
ISBN 978-3-448-08716-1, Bestell-Nr. 06389

„Betriebswirtschaftliche Formelsammlung", von Prof. Dr. Jörg Wöltje, 400 Seiten mit CD-ROM, € 29,80.
ISBN 978-3-348-09528-9, Bestell-Nr. 01041

„Buchführung Grundlagen, Schnelltraining" von Iris Thomsen (Hrsg.). 440 Seiten, € 78,00.
ISBN 978-3-448-09357-3, Bestell-Nr. 01191

TaschenGuides – Qualität entscheidet